捨てられないTシャツ

都築響一　編

筑摩書房

era
GOLD RUSH

もくじ

エヴリ Tシャツ テルズア ストーリー

家の中ではTシャツ、外出するときはエリのあるシャツという「TPO」は、いつごろまで常識だったのだろうか。いまでは家の中では無地のTシャツ、ここぞというときはお気に入りの絵柄のTシャツというひとが少なくないはず。下着から勝負服へ――20世紀後半から21世紀にかけてもっとも地位が向上した衣服は、Tシャツだったのかもしれない。

妙なTシャツを着ているひとがいると、気になってしかたがない。ふつうのファッションは値段が高かったり、有名ブランドだったり、だれが見ても「ヨシ」とされるものがリスペクトされるわけだが、Tシャツだけは「だれも見たことないもの」や、ヨシなのかダメなのか判断に迷うほうがリスペクトされたりする。人間が着るもので、Tシャツだけはもしかしたら判断基準が異なるのだろうか。それはそのまま、アートの判断基準でもあるけれど。

いつごろからか、「ヨシなのかダメなのか判断に迷う」Tシャツには、着用する本人の確固たる意志や、根拠のない自信や、なによりも個人的な記憶が染みついていることが多々あるのに気がついた。それがこの『捨てられないTシャツ』コレクションの始まりである。自分の週刊メールマガジンの連載で、どれくらい続けられるかもわからないままスタートしたのが、毎週締め切りギリギリで回を重ねていくうちに、気がついたら1年半たっていた。アイロン掛けだけは少しうまくなった気がする。

最初のうちはTシャツにまつわる思い出を持主から聞いて、それに略歴を加えてこちらで短い文章にしていた。そのうちに持主自身に書いてもらうのもおもしろいかもと思い始め、「書いてもいいよ」と言ってくれるひとには「てきとうにメモでくれたら、こっちできれいにしますから」とお願いするようになった。最終的には本書に登場するTシャツ70枚のうち、半分以上は持主自身による文章である。

年齢、性別、職業だけで名前は最初から出さなかったが、もしかしたらおわかりのとおり、中にはずいぶん有名なひとや、文章のプロも混じっている。でも9割方は名もない一般人で、他人に読ませるきちんとした文章を書いた経験なんてないひとたちだった。だからワードで書いてメールに添付などというのは少数派で、メール本文にそのまま書いてあったり、FacebookやTwitterのダイレクトメッセージにざーっっっと書き連ねてくれたひとが少なくない。

それはつまり、スマホで書いたってことだ。そうやって送られてきた「シロウトのテキスト」が、ほとんど直すところのない完璧な文章ばかりだった。文章のプロではないひとたちが、スマホで打ちこんで、これだけ読みごたえのある文章を書ける時代になっていることにまず驚いたし、文筆業で生計を立てている自分としては怖くもあった。

連載開始当初はTシャツの写真にごく短いテキストが添えられている、長いメルマガの箸休めみたいなコーナーだったが（『ROADSIDERS' weekly』は長さだけは日本有数の有料週刊メルマガである）、回を追うごとに文章はどんどん長くなっていき、時には短編小説サイズになった。内容も略歴とTシャツ話が半々ぐらいだったのが、文章が長くなるにつれてバランスが大きく崩れ、これまでの人生を100行で語って、そのあとTシャツ話が3行……なんてことになっていった（それぞれの話で言葉遣いや表記が異なっているのも、書いてもらった文章をなるべくそのまま使いたかったからで、ご容赦いただきたい）。

『捨てられないTシャツ』という趣旨から言えば、それは破綻に他ならないし、一般の雑誌連載では許されないだろうが、予想もしなかったそんな展開が、僕にはすごくうれしくもあった。これまで作ってきた本のすべてがそうだったように、「やってるうちに、思いもしない方向にどんどん加速していく」企画こそが、ほんとうにおもしろい結果を生むから。

確固たる構想も立派なコンセプトも、むろん市場調査もなく始まったTシャツ物語が、回を追うごとに「箸休め」どころではないボリュームになるにつれて、少しずつ、僕の中である思いが膨らんでいった――「これはもしかしたら、Tシャツという触媒から生まれた『ナショナル・ストーリー・プロジェクト』なのかもしれない」という。『ナショナル・ストーリー・プロジェクト』はアメリカの小説家ポール・オースターが、公共放送局NPRで自身が語り手となったラジオ番組の採録集だ（原題『I

『Thought My Father Was God』。ラジオ局では当初、オースターが自分の物語を語る番組を依頼したのだが、とてもそのような余裕がないと断ろうとしたところ、「番組を聞いているひとたちに物語を送ってもらって、あなたが読めばいいのよ」という妻の助言に従って、この番組が始まったのだという。

「私たちは、物語を求めているのです」と、オースターはリスナーたちに呼びかけた。「物語は事実でなくてはなりません。短くなくてはなりません。ただし、内容やスタイルに関しては、なんの制限もありません」。オースターは全米に、新鮮なままのリアリティの断片を求めたのだ。それは「世界とはこういうものだという私たちの予想を覆してくれる物語」であり、「作り話のように聞こえる実話」だった。

1年間の放送で4000通を超える投稿が寄せられ、番組ではほんの一部が読まれただけだったが、そのまま捨て去られるには惜しい物語が本のかたちにまとめられて、たしか同時多発テロの直後に発売された。偶然、アメリカの田舎町の書店でそれを見つけた僕は、投稿された文章がみな短くシンプルな英語だったことも助かって、旅のあいだじゅう読み耽って、好きなエピソードは何度も読み返した。いまでは日本でも文庫本になっているので、よかったらぜひ手にとっていただきたい（新潮文庫）。これほど現代のアメリカを、希望を持って眺め直せるテキストはほかにないから。

全米のシロウトの投稿によって成り立っている『ナショナル・ストーリー・プロジェクト』の序文で、「だれかがこの本を最初から最後まで読んで、一度も涙を流さず、一度も声を上げて笑わないという事態は、私には想像しがたい」とオースターは書いているが、それは僕が『捨てられないTシャツ』の連載を通して、そしてこうやって本にまとめるのに読み返しての実感とまったく一緒だ。

どちらも、こうしたアンソロジーにありがちな「ちょっといい話」ばかりが収められているわけではない。悲しい話もあれば、恐ろしい事件もあり、怒りに震えるできごともある。何度読んでも笑ってしまう話もあったが、何度読んでも涙ぐんでしまう話のほうが多かった。

「ファストファッションがストリートファッションを殺した」と言われるこの時代にあって、アパレル業界が長く沈滞しているのはご存じのとおり。ここに登場する70枚のTシャツのうちでは、いかにもなブランドものも、あからさまな安物も少数派だ。見るからにかっこいいTシャツよりも、「なんじゃこりゃ?」なTシャツのほうがずっと多い。

でも、ふつうだったら「何度か着て捨てられる」下着でしかないはずのTシャツに、これだけの思いが、ときに染みつき、かけがえのない自分の一部になりうること。ふと手に取った文庫本で出会った一行や、漫画のひとコマ、ラジオから流れてきた歌のフレーズが人生を変えてしまったり、人生を支えてくれたり、忘れていた記憶へのリブート・スイッチになりうる。そのように、こころに働いてくれる衣服もあるのだと確認できたのが、すごくうれしい。

ほとんどすべてのファッションは、製品になったときが完成形だ。どんなデザイナーの、どんな値段の服を着ているかで、ひとは判断される。着る人間によって、服のデザイン自体がかっこよく、かっこわるくなったりすることは、おおむねあり得ない。かっこよかったり、かっこわるかったりするのは、服ではなく人間のほうだから。

Tシャツだけはちがう。居酒屋で飲んでいて、となりに「島人（しまんちゅ）」なんてデカデカと書かれた色褪せTシャツ着用オヤジが座ったとする。あ〜めんどくさそうと思うが、そのうち言葉を交わすようになって、オヤジがぼそぼそ語ってくれる人生劇場にすっかり魅せられて、ちょっと涙ぐんだりしているうちに、ダサいはずのTシャツまでかっこよく見えてくる——そういう体験が、君にもないだろうか。

いまから50年くらい前の西部劇に『プロフェッショナル』というのがあって、別に映画史に残る名作でもなんでもないが、主人公のひとりであるリー・マーヴィンに、こんな決め台詞があった——「少年を男にしてくれる女もいれば、男を少年にしてしまう女もいる」（男女を入れ替えてもらってもかまわない）。その台詞を借りれば男を少年に、女を少女にしてしまうのがTシャツなのかもしれない。

都築響一

The Cars

◎30歳女性
◎小説家
◎東京都出身

The Carsの販促用Tシャツは、いつも夏物の引き出しにしまわれている。私はこのバンドをしらない。母がかつて着ていたらしいのだが、彼女が着ているところを一度もみたことがない。母がThe Carsのファンだったことは一度もないらしい。彼女はデヴィッド・ボウイが好きである。

異様に赤いTシャツを私は数回だけ着たことがある。生地がぺらっぺらで紙衣のようだった。涼しいということは利点だと思う。

歌舞伎の女方が目元にひいている紅が色っぽくみえて、大学一年生の私はNARSの赤いアイシャドウを塗りたくって歌舞伎座の幕見席に通っていた。緋色の襦袢を着る女方への憧れもあって、引き出しにある赤いTシャツをそのときはじめて手に取った。『伴大納言絵巻』にある応天門が焼ける火の色に似て、かっこいいようにそのときはみえた。赤いアイメイクにTシャツをあわせて大学に行くと、ペリセロというフランス語教員に「マリコさん、ものもらいダイジョブ?」と心配そうにきかれた。それ以来一度も着ていない。

私の母は１９４８（昭和23）年、名古屋の千種区でうまれた。四歳のころ、あずきのアイスバーと貝の佃煮を同時に食べて疾風《はやて》にかかり死にかけたが大浣腸で一命をとりとめて現在69歳になった。彼女は、名古屋の因習を忌み嫌い、歌謡曲を忌み嫌い、アメリカンポップスとアメリカ文化にあこがれた。ビートルズが来日したときは通っていた高校の先生にライブに行くことを猛反対され、ジョン・Ｆ・ケネディが暗殺された日には、クラスメイトたちと教室でケネディを追悼した。大学時代は、学生運動の真っ盛りだったけれど、母はまるでそのことに関心がなかった。名古屋の大学生たちは、名古屋は道幅がひろすぎて占拠できないから京都に移動して、京大や立命館の応援に行っていたらしい。花見に行くような気軽さで京大の学生運動を観にでかけた母が「通っていてすごいね」とバリケードの手伝いをしている同級生に声をかけると「雨の日はひよるんよ……」と彼は暗い顔で言った。大学卒業後東京に上京し、トイレで手を洗っていたところをテレビ局のひとにスカウトされた。母の容姿は南沙織に似ていたので、ギターを持ってなにやら歌わされる予定だったらしいが、西洋音階で歌をうたうことができず、そのはなしはなくなった。「ぎんざＮＯＷ！」という洋楽やポップスを紹介するバラエティ番組の司会をしたり、「軽音楽をあなたに」という番組のＤＪをしたりしていた。母は驚くほど衣服や美容に無頓着で、いつもＴシャツとジーンズしか持っていなかった。いまもファッションに関心がなく、化粧水がわりにヨーグルトの上澄みの汁を顔に塗っている。当時、仕事柄母はレコード会社から販促用Ｔシャツをよくもらっていて、そのときの一枚がThe Carsだった。膨大な数のＴシャツが母のてもとにはあったはずだけれど、なぜ、このＴシャツだけがいまも夏物

のひとつとしてしまわれているのかわからない。The Carsの歌を母は一曲も思い出せない。たまたま捨てる機を逸していただけで、いつ捨ててもいいようなTシャツだったけれど、こんな写真を撮ってもらったら、もう捨てられない。

プーケットのダイビングショップTシャツ

◎年齢秘密女性
◎義足モデル／ブラジリアンワックス店経営
◎出身地秘密

目立ちたがりやだけど、恥ずかしがりやな少女時代だった。昔を知ってる友達はたぶん、静かな子って言うと思う。14歳のときに骨肉腫を患い、右足を大腿部から切断。そこから義足生活が始まった。5年ほど前にアングラ専門のキャスティング会社と出会い、義足モデルとして活動開始。モデル活動が1年を過ぎたころ、もうすこし自分の売りを作ろうとブラジリアンワックスの資格を取り、2カ月後に開業。現在も二足のわらじで楽しく暮らしている。

10年前のフリーター時代、スキューバダイビングの資格を取りに、ひとりでプーケットに飛んだ。資格取得だけなら10日ほどの旅程だったが、人手の足りないダイビングショップからバイトしてほしいと頼まれ、そのまま働くことに。3カ月働いては日本に帰り、ヒマになるとまたプーケットに通う日々。

Tシャツは働いていたショップのスタッフシャツである。着心地は荒いが、思い出が詰まっていて捨てられず、現在に至っている。数年前までは彼氏やオトコが遊びに来るとパジャマがわりに貸していたが、さすがに赤カビが生えてきて着せられなくなり、いまはかろうじて自分のパジャマとしてキープ中。

デュランデュラン

◎33歳女性
◎ゲーム会社勤務
◎大阪府出身

アニメの『セーラームーン』をきっかけにオタクの世界に足を突っ込み、その後、『幽☆遊☆白書』でどっぷり。小学校後半からは隣駅のアニメイトに毎日自転車で通う。アニメイト各店には交流の場としてノートが置いてあり、そこで同じようなアニメが好きな、学校とは別の友達が増えた。

中学に入ると今度は雑誌『Quick Japan』を読み出し、音楽が好きに。最初はオザケン、コーネリアス、電気グルーヴ。そこからテレビの歌番組を見るようになり、ビジュアル系にハマる。音楽目当てで深夜ラジオを聞いていたら、当時、冠番組を持っていたＳＯＰＨＩＡと出会い、話のおもしろさと見た目の良さから夢中に。これを機に、アニメ的なオタク生活から足を洗う。中学時代はＳＯＰＨＩＡのライブに超行きまくり、家が放任主義だったこともあり、武道館まで遠征。ライブに行くことで、見た目に気をつかうようになった。ヴィヴィアンやミルクなど、ロリータ系を中心にファッションに強い興味を抱く。

高校入学と同時にアメ村の服屋でバイト。スカコア・メロコアブームの中、ビジュアル系好きはダサいとされる風潮に肩身が狭くなり、興味を失う。そこから興味の大

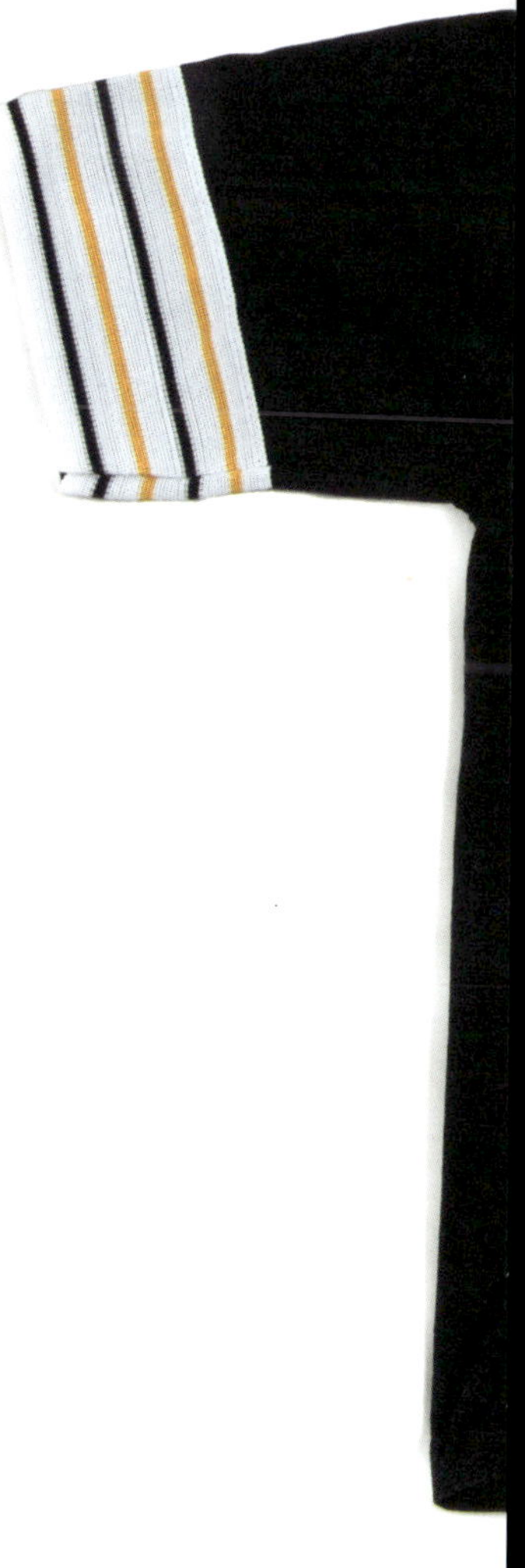

半は洋服に。土日は必ずアメ村、長期休みは週5でバイト。バイトは楽しくないけど、知り合いが増えて三角公園にいつも溜まっていた。このころ、大阪にスナップの撮影に来ていた『zipper』に声をかけられ、約2年間の読者モデル生活が始まる。月1〜2回は東京まで撮影に行く日々。

高校卒業後は、もともとファッション誌を作る仕事がしたいと思っていたので、専門学校のファッション情報科に入学。2年生の時、読モ時代にお世話になったスタイリスト兼ライターのアシスタントに。そして卒業後もライター業。ネットの仕事や、ギャル雑誌などジャンル問わずめっちゃ働く。26歳で「もういいかな（笑）」と思い就職。とはいえファッションや広告系の会社ばかり、しかもすぐ飽きて替わった職場が多数。最近は年下の彼氏ができてウキウキの毎日。

デュランデュランは高校の時、アメ村の古着屋で購入。もちろんその古着屋は、いまはない。ラガーシャツみたいなデザインがダサいと思って手に取ると、デュランデュランの文字！

中3のころ、ラルクがThe Zombiesという別名でシークレットライブをやった。そのライブの最初の曲がデュランデュランのコピーだった。ハイドがデュランデュランの大ファンだったので。

ラルクがコピーしたバンドのTシャツだから、買って一回だけ着た。最初はダサいと思ったが、どんどん可愛いく見えてきて、捨てられなくなってしまった。一生このクオリティのTシャツには出会えないと思う。いまだにこれをしのぐバンドティーを見たことがない。

レイ・ミステリオ

◎36歳男性
◎音楽プロデューサー／ベーシスト／漫画家
◎新潟県出身

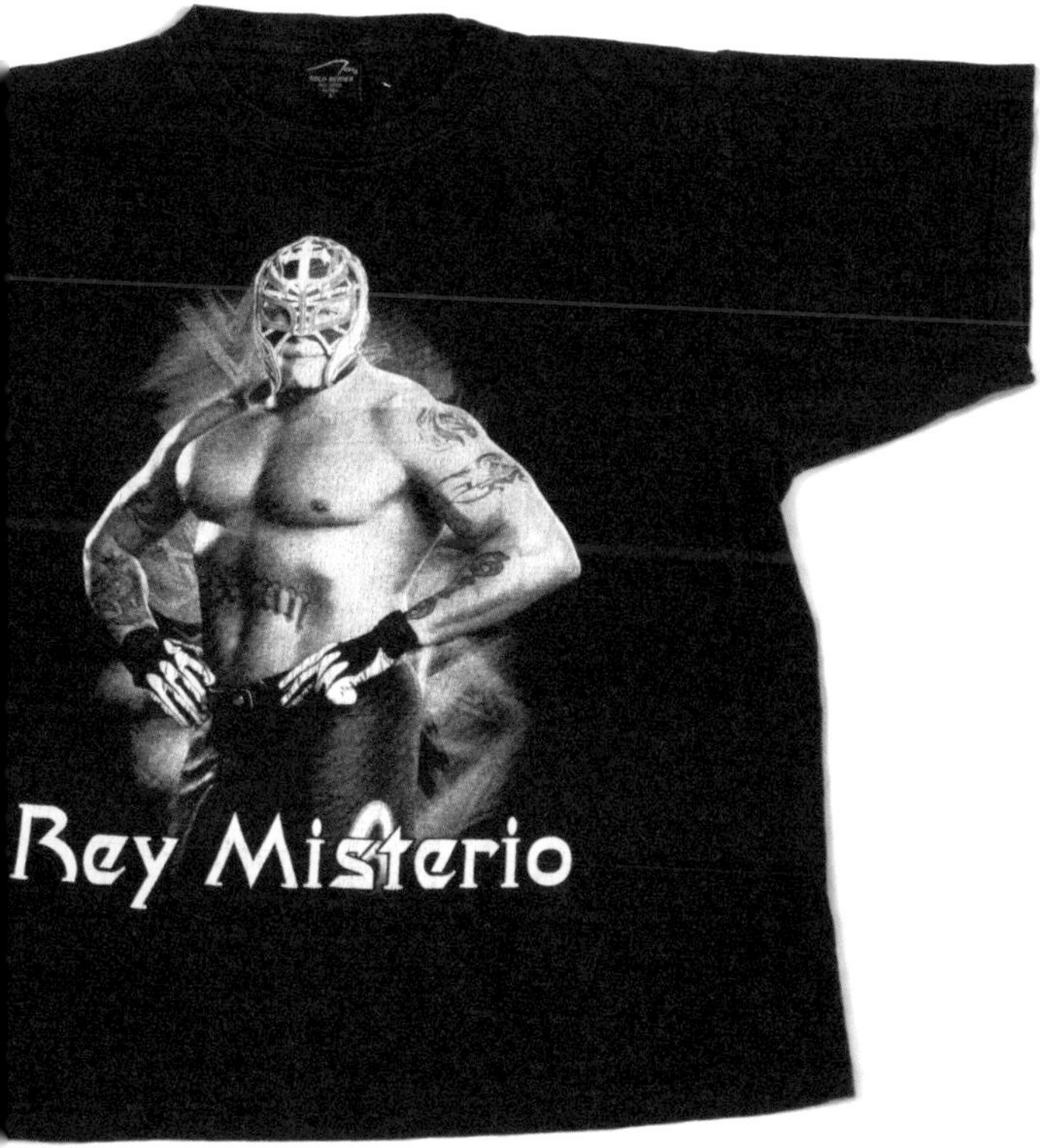

田んぼに囲まれたのどかな田舎に生まれる。小学生のころから足が速く、中学校では陸上部に入る。種目は3000メートル。部活以外することがなかったので練習に打ち込むが、そこまで真面目でもないし、途中で膝も悪くなったため、陸上では目が出ないと徐々に諦めの気持ちに。

中学生のときは尾崎豊など聴いていたが、高校生になるとブランキー・ジェット・シティやミッシェル・ガン・エレファント、洋楽ではNIRVANA、Green Day、OFFSPRINGなどロック系を聴くようになった。友達とバンドを組むが、ギターはやりたいひとが多くやらせてもらえなかったので、ベースを始める。

高校を卒業すると普通は東京に進学するところ、単純にひねくれていたので、行ったこともない大阪の大学に進む。その大学で本格的に音楽を始めた。当時の大阪はちょうどボアダムスの影響が強いノイズ全盛期だったので、自分のなかになかったアヴァンギャルドな音楽に触れるように。20歳のころに組んでいたノイズバンドは、そのシーンでは気に入られていて、海外アーティストがくるとブッキングで呼ばれることもあった。

とはいえ目先の事ばかりで、大学卒業後については真面目に考えたことがなく、なんのプランもなし。大学院に進学する道もあったが、ちょうど京大・阪大が入学人数を減らした時期で入試に失敗。音楽をやるしかなくなった。

24歳のころ、働かないとまずいんじゃないかと思い大阪の広告会社に就職。しかし1年半経ったころ、新しいバンドに誘われて退職。そのバンドはうまく行かず脱退し、新たにデザイン系の会社に就職するが、やりがいを感じられず離職。これはもう東京に出て、音楽に近いところで仕事をするしかないと思い、なんのあてもなく28歳で上京する。

知り合いから渋谷のライブハウスを紹介してもらい働き出すが、同時期に大阪からいまのバンド「あらかじめ決められた恋人たちへ」のメンバーも上京してきたので、バンドを組むことに。2009年、いま所属する会社の立ち上げに誘われて就職。当時気になっていたバンド「神聖かまってちゃん」を引っ張りだし、マネージャーになる。

私生活では去年結婚。現在はマネージャー業とバンド活動を続けながら、漫画家として本も出版するなど、多忙な生活を送っている。

ルチャのTシャツは東京に来てから、下北沢の古着屋で買ったもの。こういう雰囲気のTシャツをよく着ている友達がいたから、そいつにあげようと買ったのだが、あまり着ているのを見たことがなかったので、返してもらった。格闘技は好きだが、ジャンルに関係なく、いいなと思うと買ってしまう。たくさん溜まったTシャツはずいぶんまとめて処分したけど、これは捨てられなかった。状態もいいし、デザインもサイズ感も全部いい。

GAP

◎67歳女性
◎著述業
◎熊本県出身

子どものころから映画が大好き。『悲しみよこんにちは』のジーン・セバーグや、オードリー・ヘップバーンのボーイッシュなスタイルなど、映画に出てくるファッションにすごく憧れたものの、地元にはそんな洋服を売っているお店がないので、母親に頼んで作ってもらったりしていた。高校を卒業したら早く家から出たいと思っていたが、まったく勉強していなかったので大学は諦め、試験のなかったセツ・モードセミナーに入学。

東京は楽しいことばかりで、思い切り遊ぶのに忙しく、映画やディスコ、原宿にできたマドモアゼルノンノンやタケオキクチのブティックに通ったり。もちろん見てただけだが。学校を休んで遊んでいるだけに、セツ先生への罪悪感をいつも感じていたけれど、「罪悪感のひとつでもないと、なにやっても楽しくないでしょ」と都合良く解釈。そして入学してから1年半で休学、しかしセツ先生の好意で卒業はさせてもらう。

休学中に銀座でデートをしていたら、映画雑誌『SCREEN』を出している近代映画社があるのを見つけ、「雇ってもらいたいな〜」とそのまま突撃。「なんでもやります！」と粘ったら、就職試験を受けられることに。映画はたくさん見ていたから自信があった。無事に面接で受かり、そのまま『SCREEN』編集部で働く。毎日、タダで試写三昧。

しかしその編集部も2年ほどで飽きてきて、ちょうど浅間山荘事件が起きたときに、テレビ中継見たさに具合がわるいことにして休んでいたら、そのまま行かなくなる。『SCREEN』編集部を辞めてしばらくふらふらしていたら、銀座で淀川美代子さんに声をかけられ、大橋歩さんのアシスタントの仕事を紹介してもらう。週に3日、アシスタントとして働き出す。といってもお掃除して、コーヒー淹れて、鉛筆を削ったり。あとは歩さんが絵を描く横で、山のように積んであるインテリアやファッションの洋雑誌（高くて買えない！）を、見飽きるほど眺める日々。たまに歩さんの息子・大介くんのお迎えに行ったり、お昼は美味しいレストランに連れて行ってもらったり。

アシスタント生活が2年ほど続いたころ、歩さんから「そろそろ仕事をしたほうがいいよ」と言われ、今度は『アンアン』の編集バイトの仕事を紹介され、三宅菊子さんのページのアシスタントとして、「こういうものがほしいから探してきて」とか「調べて取材してきて」とか、なんでも手足になって動く。そんな仕事を1年していたら、他の編集者から「こいつは便利だ！」と、どんどん声がかかるように。「インテリアのページやってみる？」と頼まれて、そこからスタイリストとして本格的に働き出す。専門家がいない時代で、断る時間すらないほど忙しかった。

30代は仕事も本気、体力と好奇心もすごくあって、いちばん楽しかったが、40代前半になると体力はなくなるし、世の中が店ブームでモノが増えすぎた。見つかりにくいものを探すのが楽しいのに、探さなくてもある状態に嫌気がさし、執筆一本にシフトしていく。

2011年3月、半世紀近い東京暮らしを畳んで、熊本に帰郷。近所の猫も遊びに来るようになって、現在は家の中に3匹、庭に5匹、計8匹（!）のお世話をしつつ、チェロ、ウクレレ、ピラティス三昧の隠居生活を堪能中。田舎ではやることもないだ

ろうと思っていたが、予想以上に楽しく多忙な日々を送っている。

GAPのTシャツは三十数年前、まだ日本にGAPが入っていなかったころ、ニューヨーク店で見つけ、ボーイズサイズなのでチビの自分にもピッタシと喜び、同じものを2枚購入。長年の愛用により綻びと穴あきで崩壊寸前となり、もう終わりにしようと思うものの、結局タンスから取り出して着てしまう。もはや皮膚に近い存在である。

白川郷

◎26歳男性
◎ベーシスト
◎東京都出身

ゲームよりも外で遊ぶのが好きで、缶蹴りや鬼ごっこのような遊びに熱中する子供だった。小学校高学年になると、モーニング娘。と19にハマり、楽器を演奏するように。最初はブルースハープのようなハーモニカ、その後おじいちゃんの家においてあったアコギを手に取るように。

高校卒業後、最初は美容師になろうと思っていたが、先輩バンドの影響で、まったく視野になかった音楽の専門学校に入学。専門時代の最初に組んだバンドがいまのバンド。2年ほど活動したところで自主制作のレコ発ライブが決まるも、そのタイミングでヴォーカルが解散すると言い出して急遽、解散ライブになってしまい、その後は散り散りに。

学校は修了後も次の課程に2年進学。そのころ解散を言い出したヴォーカルの子と久し振りに再会、「もういちどやりたい」と言われ、1年後に再結成。結局、卒業しても就職せずに、地元の焼き鳥屋でバイトしながらバンド活動に専念。半年前、ついにメジャーデビューを果たした。

Tシャツは3年前に、家族旅行で白川郷に行ったときに買ったもの。白川郷の漬物とお酒を売ってるお土産屋さんで、漬物の冷蔵庫の壁際に色違いで3枚飾ってあった。見本はちょっとほこりをかぶってたが、観光地ならではのモノを集めようかと、ふと思い立って購入。その後、草津でもTシャツを買うが、マイブームはそこで終わった。

買った当初は外出時にも着ていたが、だんだんと寝巻きに。わりとしっかりとした生地で、着心地も良い。ちなみにバンドの練習に着ていったときはメンバーから、なにそれと冷たく言われた。

スヌーピー

◎40歳女性
◎翻訳／tassel boyの制作・広報など全ての業務
◎東京都出身

生まれたのは新宿だが、八王子に近いほうの相模原に中学のときに引越す。自分のおおらかな性格はそこで培ったと思う。

中学校は都内のはずれで、学校帰りに遊んでいたのは渋谷や町田。ほとんど校則がない自由な校風で、大学まで同じ学校に通うことに。学生時代は「自分で責任を取るかぎりは好きなことをしていい」と言われていた。お母さんが自由なひとだったので、その影響が大きい。

そのころからアメリカに対するふわっとした憧れを持っていて、とにかく外国に行きたいと思い、大学を卒業後アメリカに留学。初めてのひとり暮らしを体験する。最初はニューヨークの語学学校、そのあとファッションが強い大学に進学。しかし専攻したマーケティングのクラスがお金の話ばかりで、自分の興味に合わないと気づき、ちょうど日本にいるときから付き合っていた彼氏がサンフランシスコのアートスクールに留学していたので、同じ学校に移り、ファインアートを専攻。

卒業した当時はドットコムバブルが弾けた時期で、同じころニューヨークのテロも勃発。しかしサンフランシスコよりはなにかがある気がしたし、前に住んでいた家が空くというので、ニューヨークに戻ることを決意。5〜6日かけて観光もせずひたすら運転、大陸横断して引越し。ニューヨークではアメリカ版の『NYLON』が創刊したタイミングで、ファッションエディターのアシスタントとしてインターンで働く。

結局、23歳から29歳まで6年間のアメリカ生活。帰国後はホテル関係のテレアポで、英語をいちおう生かせる仕事に就き、努力はしたものの、やはり自分には合わず。そんなときに同時期に入った同僚から、セルDVDの会社の翻訳仕事を紹介してもらう。

おもしろそうだから、ちょっとやってみようかと始めたのが、いまでもその翻訳がメインの仕事になっている。

翻訳と並行して、4～5年前から「tassel boy」というキャラクターを作るようになった。もともと手を動かすのが好きで、「こういうのがほしいけど、見つからない」的なものは、自分で作っていたこともあるし、タッセルが前からすごく好きで、買うとそこそこするから作ってみようという思いつきから始まった。それに加えて、以前からいろんなところに目をくっつけるのが好きだったので、目のパーツをたくさん保有。タッセルを作って、そこに目をつけたら可愛いと思って試してみたら、それがほんとうに可愛くて、現在では商品化するまでに。いくら作っていても飽きないし、いろいろなひとのオーダーに応えるのもすごく楽しいので、これからも続けていくつもり。

パチもんスヌーピーのTシャツは、ニューヨーク時代に購入。イーストヴィレッジのウクライナ人街に、レストランや民族衣装を売ってるお店がポツポツあり、民族っぽいところが好きなので、近くを通ると立ち寄っていた。

そこで見つけたTシャツがすごいパチもんの、このスヌーピー。なにを喋っているのかもわからないが、微妙な似かたが「たまらん！」と思い、即購入。サイズ的にキツキツピチピチだったので、着やすくするために首元はカットしてある。着心地はもちろん悪いけれど、やけに気に入っていて、もう10年以上着つづけている。

ジョーイ・ラモーン

◎42歳女性
◎バー経営
◎神奈川県出身

中2で夜遊びを覚える。高校時代はバンドブームど真ん中だったため、迷わずバンギャの道へ。そしてそのまま売り子になる。わらしべ長者のように様々な繋がりが生まれ、演劇映画現代美術の裏方に。DJだったりもした。その後、とあるお偉いさんの理不尽さに啖呵を切り、裏方仕事を干される。サブカル系本屋店員・雑貨屋店員・こども電話相談室の中の人を経て、新宿御苑近くの小さなバーの2代目ママとなって、現在4年目。

記憶をさかのぼれば3歳のときに母親の浮気が原因で両親が離婚。母親に引き取られるが、浮気相手との暮らしを優先され、シスターのいる施設に預けられる。そこにいたお兄さんお姉さん達から、アイドル以外の音楽や、テレビ以外のカルチャーを教わる。なので、たいへんにませたガキだった。

中学生になる時点で母親に引き取られるが、すでにませていたので夜遊びもデビュー。ディスコも行っていたが、ライブハウス通いがこのあたりから始まった。

初めてのライブハウスは新宿アンティノック。カツアゲされても帰れるように、靴の中に千円札を敷いて行った。そのときに出会ったずっと年上のパンクスの皆様に、可愛がってもらうようになる。

高校生になったあるとき、クラッシュ、シャム69、ラモーンズの3日連続ライブが開催されることになり、会場のクラブチッタ川崎で売る分をパンクス連中で買い占める。当日は開場したらすぐに全員がライブTシャツを買って、その場で着替えてお揃いに。そして最前列に文字どおり雁首揃えて大暴れ。アンコールは手拍子でなく、それぞれのバンドの歌を合唱して呼び込もうと計画。会場の他のお客様も巻き込まれてくれて、大成功をおさめる。

金土日の開催だったので、当然、初日からず〜っと飲んだくれる。アルコール以外の水分は、富士そばのつゆかラーメンのスープ。そんなベロベロの中、3日目のラモーンズの日がやってきた。しかもこの日は私の誕生日。パンクスの中でいちばんおっかない兄貴分が、「誕生日プレゼントに、俺の整理番号1番と交換してやる」と言ってくれて、ラモーンズの夜は1番で入場、最前列ど真ん中に陣取る。

1曲目がなんだったのか忘れたが、とにかく大はしゃぎでモッシュ、ダイブを連発。疲れも酔いもピークで、何が何だかわからないハイテンション。4曲目あたりでダイブしたら、鋲がビシッと打たれたライダース着用のお兄さんに直撃してしまい、アゴをパックリ切る。しかし本人はどうかしていたので、まったく痛みを感じず、気づかないまま着地失敗……と思いながら起き上がり、ステージのジョーイ・ラモーンを見上げたら、ジョーイが真っ青な顔に。同時に英語でエマージェンシーとか、ブラッドとか叫び、一瞬だけ客電が点いた。隣にいた友達に「アゴ…アゴ……!!!」と指さされ、ン？と思ってアゴを触ると、見事に切れて流血。え!?と思って顔を上げたら、ステージからジョーイが手を伸ばしてくれ、その手を掴んでステージに上がり、他のメンバーに頭下げながらソデに引っ込んで、待機していた救急車に乗車。

救急隊も、病院のスタッフも呆れるくらい酒臭かったので、麻酔は使えませんと言われる。が、やはり本人はどうかしてたので、5針縫ったがまったく痛くない。むしろ、悪いと思って痛い顔や声を演技したくらい。

治療が終わって、チッタのスタッフとタクシーに乗ったら、「帰宅されますよね？」と聞かれたので、「私の整理番号は1番なんだよ！　この気持ちバカにしないでくれよ！」と騒ぎ、運転手の肩を掴んで「とりあえずチッタ行ってくれよ！　頼む！」と懇願（恫喝）。チッタに着いた瞬間、同乗のスタッフが領収書を書いてもらっている間にドアを勝手に開け、全速力で会場に走り込む。

だってラモーンズは曲が短いから！　すぐ終わっちゃうから！

包帯ぐるぐる巻きの頭で後ろから突っ込んでいき、途中の柵もくぐって最前列に復帰。巻いてた包帯は、その時点ですでに外れていた。そこで、いつも肩車してくれるガッチリした男子に肩車してもらって、戻ってきたぜー！と両手を広げてアピール。ジョーイが指さして大笑い。

それが本編最後の曲で、メンバーはいちど楽屋に引っ込んだ。前列を買い占めたパンクス連中で、アンコールの呼び込みに歌ったのはリリースされたばかりのモーターヘッドの『R.A.M.O.N.E.S.』。私は肩車されたまま歌った。そしたら出てきたメンバーが、アンコール1曲目にこの歌を演奏してくれた。

その後、ジョーイが肩車されてる私を指さした。「ここにパンクベイビーがいる。エキサイトし過ぎて運ばれちゃったパンクベイビー。ベイビーがいない時にやった『Rock'n'roll radio』をもう一度やってもいいかい?」とMC。会場大盛上がり。当然私も大盛上がり。

あの印象的なドラムが鳴り始めた瞬間、ジョーイがTシャツを脱いだ。そして私の目の前に差し出してくれた。私は頭が真っ白になったけど、これは応えるしかない!と強烈に思い、咄嗟に自分もTシャツを脱ぐ。ブラ1枚の姿でジョーイからTシャツを受取る。ジョーイは私のアゴの血で汚れたTシャツを着てくれた。サッカーのユニフォーム交換みたいに、2人で左胸を叩いてお互いを指さして笑った。

あのときに私は、パンクスでいることが決まったんだと思う。このTシャツ、パンクとはほど遠い絵柄だから、たまに忘れて、なんだこれ?って思ったりもするけれど、タンスの奥からこのTシャツが出てくるたびに、あのときの自分や、いまもジョーイに恥じないパンクスでいるかどうかを省みる。アゴの傷も、まだ残ってる。

私にはなんにもないけれど、この傷とこのTシャツがあるから、ずっと最高だと言い切れる。ほんとに捨てられないTシャツ。

Arkansas

勝新太郎

◎51歳女性
◎主婦
◎大阪府出身

中高時代は部活（バスケット）に明け暮れていたが、短大卒業後、某コピー機器会社に入社し、上京する。その時期からブラックミュージックにハマって、夜の部活に明け暮れるように。

東京の生活に疲れ大阪に戻ってきてからも、酒好きが嵩じて西道頓堀にあったソウルバー「マービン」の常連客になり（近所には系列店の焼肉ハウス「セックスマシーン」もあった）、そこでいまの旦那と出会う。

長男がウイリアムス症候群という染色体異常の障害を抱えて産まれてきたので、昔のようにライブやバーに行くことはおろか、音楽を聴く時間もない日々が続いたが、長男が21歳に、次男も高2にまで成長してくれたので、最近ではふたたび、ライブに精力的に足を運ぶようになり、おばちゃん連中でバンドを組んで、演奏する側にも立つようになった。

勝新太郎の座頭一プリントが施されたTシャツは、夫が勤務していた「AGEHA」という神戸のブランド製。すでに故人となってしまった夫のボス（女性）と夫のふたりで、ヤクザの格好良さをテーマに勝手に盛り上がり、これまた勝手に勝新太郎リスペクトで、勢いにまかせてプリントTシャツを製作。

AGEHAはレディースのブランドだったにもかかわらず、2回目のテーマがヤクザで勝新プリント……。しかも初回のテーマは『エル・トポ』！　当然売れるはずもなく、勝新Tシャツ発売からまもなくして、ブランドはあえなく消滅してしまう。とはいえ勝新は永遠にかっこいいので、どうしても捨てられない。

テーブルクロス

◎36歳女性
◎通販会社勤務
◎兵庫県出身

子どものころから習い事を掛け持ち。中学生までピアノ、フルート、声楽、水泳、書道、塾、それに部活。ぜんぜん友達と遊ぶヒマのない、多忙な子ども時代だった。高校はどうしても私立に行きたかったので、公立校受験の際にわざと間違った答えを書き、見事不合格。とはいえ202人中、不合格は他校のヤンキーと2人だけ、それはそれで悲しかった。

建築を勉強していた大学生のころ、学生になにかやらせて地元を盛り上げようという役所の意向で、神戸の外れにある稲荷市場を紹介される。神社で、街の老人をモデルに起用したファッションショーを開いたり、鉄工所で若い人のノイズミュージックと街の稲荷音頭を組み合わせた祭りをやったり、さまざまなことをしてきた。就職してからはJ-POPのイベントをやってみたり、演劇をやってみたり、わりと好き勝手にさせてもらっている。大人になったいまが、いちばん時間があるのかもしれない。

昔、横浜にタムくん（ウィスット・ポンニミット）のライブに行ったあと、神戸で偶然遭遇し、仲良くなってタイにも遊びに行くようになった。タムくんの奥さんと、このTシャツのデザイナーが友達で、5年くらい前に展示会に連れて行ってもらったときに買ったのがこれ。

アメリカのフォークバンドのツアーティーをリメイクしたもので、袖にはテーブルクロスが縫い付けられている。デタラメなところに惹かれ、これだ!!!と思い即決するが、意外に高かった。いつのまにか脇が破れたけれど、破れたままに、いまでも着ている。しかしテーブルクロスのビニール臭は、いまだにけっこうきつい。

退職祝い

◎27歳女性
◎写真家
◎東京都出身

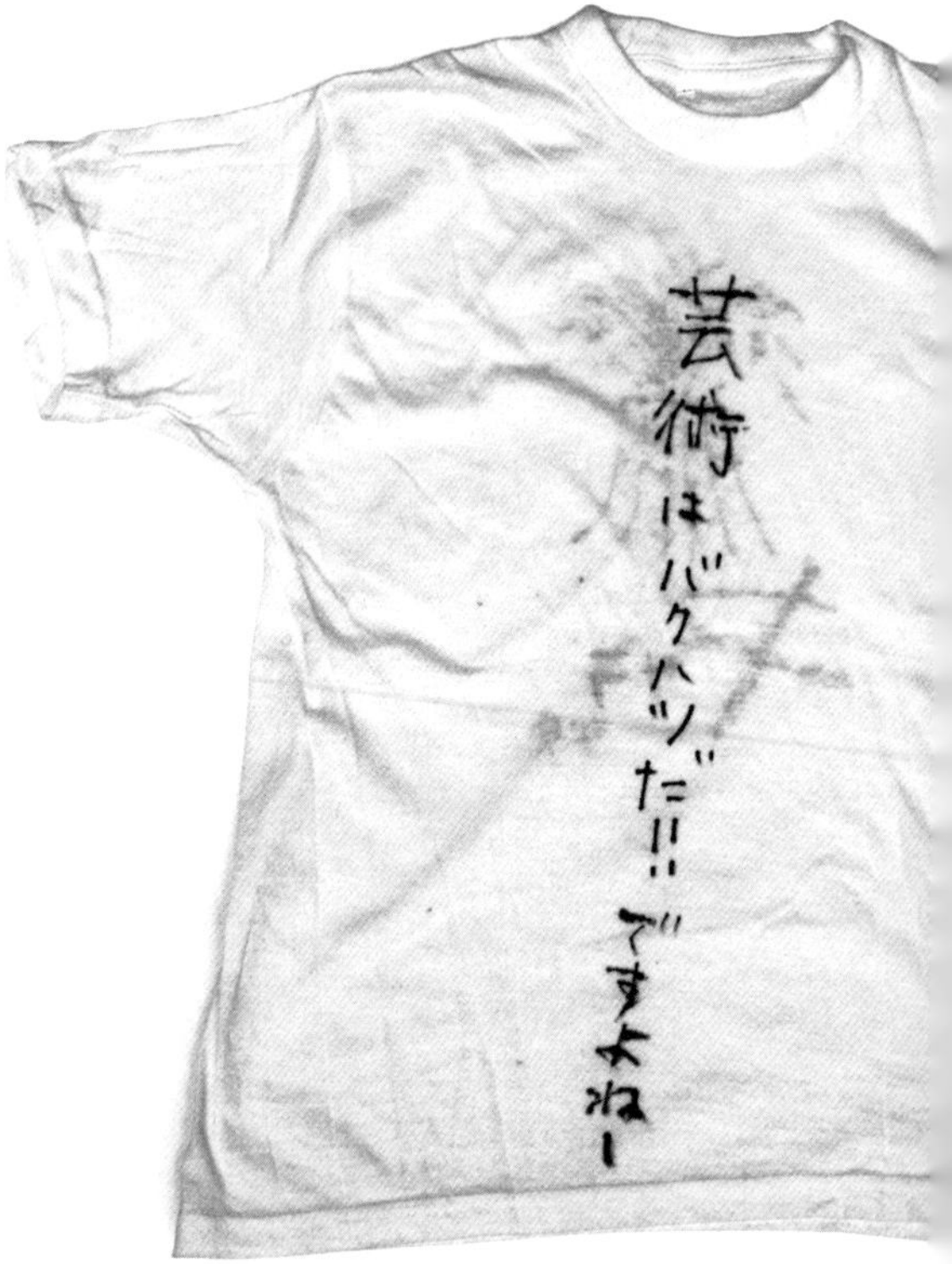

学生のころ、葛西臨海公園の水族園の中にあるレストランでバイトしていた時期があった。退職したのが3月で、ちょうど同じタイミングで卒業や就職が決まって辞めるひとがけっこう多く、バイト仲間で合同退職祝いの打ち上げ宴会を企画してもらった。

宴会のサプライズ企画として、ひとりひとりに合わせて「そのひとのイメージを手書きした」Tシャツを用意してくれて、いただいたのがこれ。表面には「芸術はバクハツだ!! ですよねー」と、背中には火山が噴火している絵に、「キサラ女史」と名前が添えられていた。

Tシャツはその場で着用。宴会は超盛り上がり、うちに帰ってもうれしくてそのまま寝るが、翌朝目覚め、意外なほどに薄地で脆いつくりであることに気がつく。「これ、洗ったらインク落ちちゃうかも……」と心配になり、洗濯は断念。そのままタンスにしまって、現在4年。

なので最初に着たとき以来、いちども洗濯しておらず、よく見ると宴会の場で醤油をこぼしたあとも多々発見。気まずくなってはまたタンスに戻すという繰り返し。衣替えのたびに見つけては「こんなことあったな〜〜」と思い出に浸る。でもまたタンスに逆戻り。着ないけど、どうしても捨てられないTシャツ。

手描きのエログロ

◎34歳女性
◎案山子家／漫画家
◎広島県出身

子どものころからグロテスクなものに興味があり、小学生のころは父親にレンタルビデオ屋に連れて行ってもらい、たくさん並べられたホラー映画のビデオパッケージを見るのが楽しみだった。

ねだってもなかなかホラービデオを借りてくれなかった親が、やっと1本借りるのを許可してくれ、自分で選んだホラー映画『ヘル・レイザー』を見たが、あまりの怖さにショックを受けトラウマに。以降ホラーやグロテスクが苦手になり、そういったものとはあまり縁の無い生活を送っていた。

20代になり、会社員をやりながらスターリンやボアダムスに憧れて、楽器もまともに弾けないのにバンド活動にハマる。汚物的な物を投げたり、生魚を食いちぎったり、安全ピンを腕に刺したり、ギターを叩きつけて壊したり、ステージで暴れていたが、どこか物足りず。

そんなときに、苦手だったホラー映画の『サンゲリア』を偶然見て、ホラーやグロテスクな世界が平気な自分に気がつく。それと同時期に、大好きな青森在住の漫画家・成田をとさんが突然亡くなられた。作品の熱心なファンだったので、彼がよく書き込む掲示板を毎日チェックしていたが、をとさんはホラー映画が大好きで、しばしば掲示板に映画の感想を書き込んでいた。をとさんはもうホラー映画を見ることができないから、自分が見ないといけないなと、なんとなくそう思った。

そこから急速にホラーやエログロの世界にのめり込んでいき、いろいろな作品を体験する。自分のイラストも、それにつられてどんどんエログロ要素が強くなっていった。後にエログロ漫画を描いてお金をもらうことになるとは、そのときはまったく思っていなかったが。

32歳になって、大好きな案山子のことをもっと知りたいと思い、本格的に案山子家としての活動を始めるために社会人を辞め、長年住み慣れた広島を離れて大阪に引越す。同時にエログロ漫画家デビューを果たす。

案山子の取材で全国さまざまな場所に行くようになり、33歳の夏、青森のかかし祭取材の折に、成田をとさんがよく出入りしていたライブハウスへ立ち寄ることができた。そこには成田さんが黒板に描いた絵が、まだ残されていた。亡くなられて10年経つけれど、ようやく挨拶に来れて、黒板を見ながら一緒にお酒を飲みつつ、「私も漫画家になりました」と心の中で報告した。

20代中頃、フリーペーパー、本、バンドの衣装など、自分でいろんな物を手作りするのにハマっていた時期がある。Tシャツも自分で作ってみたかったけれど、シルクスクリーンで作るとなるとお金がかかってしまう。

そこで300円で買ってきたTシャツに、油性マジックでイラストを描いて1枚だけのTシャツを作ってみた。

洗濯したらマジックで描いた部分が薄くなってしまったし、外に気軽に着て行けるようなイラストでもないので、当時やっていたスカムバンドのライブでいちど着たきり。それ以来ずっと仕舞ったままで、今後着る予定もない。

だけど、何度引越しても、大阪に引越したときにも、まだ捨てられないままでいる。手作りだから、やっぱり愛着が湧いてしまって、それがどんなエログロであろうと、可愛いなと思ってしまう自分がいる。

クロエ

◎34歳女性
◎通販会社勤務／現在産休中
◎兵庫県出身

生肉が異常に好きな子供だった。スーパーでこっそり鶏のモモ肉を買ってきて、布団の中で醤油をかけて食べたこともある。

小学校から、途中やめていた時期もあったが、ずっと水泳部。スイミングクラブにも通って、兵庫県で一番になったこともある。ちなみに種目はバタフライ。高校生になっても、朝部活、夕方部活、夜スイミングという生活を送るが、実は体育会系一直線というわけじゃなくて、本当はものを作ることも洋服を見るのも好きで、学校で褒められるのも体育と家庭科だった。それで、大学は芸術系の学校に進むことにした。デザインを勉強するのに、いちばん大きい範囲から勉強できたらいいと思って、建築を専攻。大学に入って驚いたのは、自分のことをおかしいとか変わってるとか言うひとがめっちゃ減ったこと。すごく居心地よかった。

大学2年のときに、二日酔いかと思ったら、伝染性単核球症という白血球の形が変わる病気になり、小脳の炎症のため、歩けないし、ろれつも回らなくなる。治療のために半年間も休学することになったが、治って学校に行ったら、周りから天才になったと言われるように。制作したものが先生にやたら評価されるし、卒制と論文もいちばん評価が高かった。そのまま大学院に進学。そこでも研究が賞を取り、面倒を見てくれた教授に誘われて研究室に残って、特別研究員として2年を過ごす。ちょうど研究員の期間が切れたタイミングで、両親が離婚。「全員、解散！」みたいな感じでいきなり。そのとき初めて、ずっと専業主婦だった母親が引越し費用すらないことを知り、お金がないということは脆いと実感、企業に就職することを決意。27歳だった。

会社員生活は、知ってる子も多いし、みんな優しくて働きやすかったけれど、自分にとってはパフォーマンスをしている感じだった。中学の同級生で22歳から付き合っていたひとと、33歳で結婚。去年末、もう会社を辞めようかと思った矢先に妊娠。福利厚生が厚く、子供がいても働きやすい会社なので、そのまま産休に。いまは出産から2カ月たって、子供がどんなひとなのか、徐々にわかってきたところ。

猫のTシャツはクロエ（SeeByChloé）。小2のときに猫を拾った。そのままでは親に怒られると思い、自分のポケットに入ってた小銭を出して、この小銭と一緒に家の前に捨ててあったと嘘をついた。1カ月だけと言われて里親を探すが、気性が荒らすぎて出戻り。結局、自分の家で飼うことになる。名前は「みゃー」。親が離婚寸前のときに引き取りに行って、それからはずっと一緒だった。

拾ってから18年、みゃーは猫の年齢で100歳まで生きた。友人を招いて100歳祝いのパーティもやって、その年の春先に病気で亡くなった。

Tシャツは5〜6年前にに東京で買ったもの。猫グッズはたいていヘンテコなやつしかないけれど、みゃーっぽい黒猫がデザインされていて、これは着れるなと。みゃーのほかに、旦那さんが飼っていて亡くなった黒猫もいたので、2匹が描かれてるのもよかったし。着心地は意外にいい。そもそもTシャツはあまり着ないし、ほとんどのTシャツは出産にともなう引越しを機会に捨てたけれど、これだけは、亡くなった猫2匹が向かい合っている感じがして、捨てられないでいる。

剣道

◎30歳女性
◎ショップ販売員
◎岩手県出身

福岡のショップで販売員をしているが、生まれは岩手県久慈市、『あまちゃん』のロケ地として有名になった普代村堀内。父が自衛隊だった関係で、11歳の夏まで青森県三沢市で育つ。米軍基地があったので、外国文化が意外に身近だった。その後、父の転勤で相模原に転校。関東地方の蒸し暑さ、ブルマ（自分の殻を破って着用）、防災頭巾の座布団、ゴキブリに衝撃を受ける。

中学では当初バレー部に入っていたが、中1の夏が終わるころに退部、担任の先生の強力な勧誘でほとんど幽霊部員として剣道部に入る。しかし練習はかなり疲れるし、じいさんにメンを打たれる痛さで、すっかり嫌気がさす。次鋒を担当した団体戦で、一回だけ勝つことができたのが良い思い出。

校則が自由で、楽に行ける大学がよかったので、親を説き伏せ、高校から法政の付属（女子校）を選択。そのまま大学に進学、経営学部という無難な学部を選び、意外に真面目に過ごす。

そんななかで友達に「模造人間」という哲学サークルを紹介されるが、なにをやっているかよくわからなかったので、入部は思いとどまる。その「模造人間」に所属していた先輩に、「坂本ジョン」というニックネームで呼ばれていた、なかなか硬派な顔立ちの男性がいた。大学を卒業して6〜7年経ち、社会人として働きまくっていたころ、たまたま友人が「あんた最近、彼氏とかいないなら、ジョンは彼女いるけど、そろそろ別れるらしいから、紹介するね、いまからメールするね！」と、写真付きで私の画像を彼に送信。そして数時間後に会うことに。しかしジョンは、大学時代の私のことは知らないご様子であった。

当時、自分はすでに福岡に転勤して3年ほど経っており、次の日には帰らなければならなかった。でも、ジョンは大河ドラマ・ファンであるにもかかわらず、その放送を見送って会いに来てくれた（再放送もあるし）。ふたりは渋谷で会い、てきとうに目についた居酒屋で軽く飲み、その日は終了。お互い、大の酒好きということだけが判明する。

それ以来、福岡に帰ってからも、しょっちゅう話しながら飲みながら、何時間もLine通話。それを2〜3カ月続ける。

そしてジョンの誕生日は、ちょうど夏の連休どき。彼はその時期に合わせ、人生初の福岡旅行を計画してくれた……が、そのときはまだ彼女と正式に別れたのかは定かではなかった。

でも、わりかしハンサムで、ユーモア溢れるジョン（いま思うと坂本ジョンというニックネームと、ちょいとおもしろいことをいうくらいのユーモア加減だと思うが）に惹かれていたので、なにか誕生日プレゼントと、シャンパンとケーキを用意せねば！

DONBURACO

と思い悩む日々を過ごす。

　そこでたまたまネットで見つけたのが、日本史と剣道好きのジョンにピッタリの剣道Tシャツ！　しかも、いま思えば彼のぶんだけでよかったはずだが、なぜかお揃いで購入。そしてお揃いのTシャツを着て、楽しい時間を過ごした……。とはいえ彼の教えは「ココロは開いても股は開くな」だったので、あくまで健全なお付き合いだった。

　でも、彼女と正式に別れたかよくわからなかったのと、その後、もともとジョンを私に紹介してくれた友達が、ジョンとハンバーグ（手ごね！）を作って遊んだ！みたいな内容をSNSに上げていたりして、こちらがイライラしてうまくいかなくなり、正式にお付き合いする前に関係は崩壊。というか彼に拒否された……。

　しかしこれまでの経験から言って、付き合う男の8割がたは、別れてもまた連絡してくる！　ジョンもぜったいそうだと確信していたところ（付き合ってすらなかったが）、数カ月後に連絡が来た！　一応確認したところ、Tシャツはちゃんと保管しているそう。

　男とお揃いのアイテムを買ったのは、この剣道Tシャツが人生で初めて。彼への気持ちは薄れつつあるけれど、いろいろ思い出が詰まっているし、これからも思い出が詰め込まれそうで、まだ捨てられない。

　だってジョンも捨てられないはずだから……。

パチもんのアイラブニューヨーク

◎37歳女性
◎ファッション・ブランド経営／ベーシスト
◎岐阜県出身

　大学卒業後、放送作家として主にバラエティー番組の構成を担当、激務の日々を送るが、特に続けていく理由が見いだせず30歳で離職。しばらく実家に帰った後に、ニューヨーク在住のファッションデザイナーを目指す妹（9歳下）と一緒に、洋服ブランドを立ち上げた。現在はブランド経営のかたわら、放送作家時代から続けているロック

バンドのベーシストとしても活動、多忙な日々を過ごしている。

アイラブニューヨークのTシャツは、放送作家になって1年目の春、たまたま往復5万円の格安チケットを見つけて、幼馴染に会いにニューヨークへ行ったときのもの。とにかく金がない貧乏旅行だったから、ほんとは正規の「I♡NY」を買おうとしたけれど、激安で買える場所があると教えてもらって、チャイナタウンで購入した偽物のアイラブニューヨーク。

5枚で10ドル、5枚からしか買えなかった。なので3枚は友人へのお土産にして、残りの2枚をいまだに愛用中。決め手は着心地の良さと丈夫さにあるが、形は洗うたびにかなり変形する。

デヴィッド・リンチ

◎40歳男性
◎テレビ局勤務
◎東京都出身

生まれは東京築地だが、父親の仕事の関係で都内を転々。3歳のときにアメリカ・ニュージャージーに引越す。最初から地元の学校に通い、土曜だけ日本語を忘れないように日本人学校で補足授業を受けていた。超引っ込み思案な性格のため、家でひとりレゴ遊びばかり。子供のころから音楽が好きだったので、唯一仲が良かったユダヤ人の男の子と、6歳のころからブルース・スプリングスティーンのテープを一緒に聴いていた。

人見知りはどんどんひどくなり、一時帰国で3カ月くらい日本に帰ったときも、毎日泣いて学校に行けないほど。10歳で本帰国するが、帰国子女ゆえのちょっとしたいじめもあり、なかなかなじめないまま、受験戦争に突入。中学では幸せになるんだと頑張ったかいがあって、第一希望だった中高一貫の男子校に合格する。人一倍、女子の目が気になるタイプだったから、それがなくなりすごく楽になった。

中高ではバンドに打ち込む。担当はギター。当時、10年遅れでイギリスのオルタナを聴き出していて、ザ・スミスやキュアア、それにアメリカのレッチリ的なのも聴きつつ、バンドではレッチリからキング・クリムゾンまでカバーしていた。男子校は文化祭が唯一異性と接する場だけに、文化祭でのライブのために生きる日々。しかしバンドの内容が男クサすぎて、全然モテずに終わる。

滑り止めで受けた第2志望の大学に入学、そこで音楽好きの彼女が初めてできる。あとはバンド活動とバイトに終始。雑誌社とレンタルビデオ屋と掛け持ちし、ビデオ屋はバイト特典でレンタル無料だったので、ほぼ1日1本観る勢いで借りまくる。

それほど映画が好きだったのと、当時はテレビ局が映画をたくさん作っていて元気だったので、卒業後はテレビ局に就職する。大学時代からの彼女とは続いていたが、就職1年目はヒマだった自分に比べ、多忙すぎる彼女と合わなくなってきて、別れてしまった。

その後、徐々に忙しくなって、仕事以外なにもできない時代もあったが、最近はやっと落ち着いてきて、これまで行きたくても行けなかったライブやフェスにも行けるようになり、改めて音楽が好きになった。

大学2年のときに、ニューヨークに調子こいて1週間行ったものの、引っ込み思案な性格が災いして、だれとも話せないまま、寂しくて毎日泣きながら寝るような日々を送ったことがある。そのときに街なかのロックTシャツ屋で買ったのが、デヴィッド・リンチのTシャツ。高校生で『ツイン・ピークス』にハマり、学校をサボってビデオを借りに行くくらいのデヴィッド・リンチ・ファンだったので、デザインも気に入り、いまにいたるまでずっと着ている。

大学時代はバンドティーや趣味のTシャツしか着ておらず、そういうのを着ていれば同じ趣味の人から声をかけられる、もしかしてモテるかと思っていたのだが、ぜんぜんそういうことはなかった。このTシャツも、まったく効果なし。同じ趣味のTシャツくらいでモテるわけがないと気づいたのは、最近になってからである。

WWFのパンダ

◎68歳男性
◎イラストレーター
◎愛媛県出身

1947（昭和22）年、愛媛県今治市生まれ。父は大工、母は裁縫という家庭で、自分でおもちゃを作ってしまうような、手を動かすのが好きな子どもだった。

地元の高校を卒業後、香川県善通寺の四国学院大学文学部英文科に進学するが、カトリック系で厳しく、授業もつまらない。先生たちを揶揄するような手作り新聞を出して怒られたりしたあげく、放校同然に退学させられ、東京に出て練馬の中央美術学園でグラフィックデザインを学ぶ。選んだ理由は、無試験だったから。

卒業後は大手広告代理店の旭通信社（現・アサツー・ディ・ケイ）に入社。出勤3カ月で胃潰瘍ができて、2年間の我慢の末に飛び出す。社員当時から会社は定時で帰宅、家でアルバイトのイラストを描いて、その原稿料が給料と同じくらいあったので、退社への不安はなかった。

1977〜78年には、それまで仕事で描いていたクルマやバイクのメタリックな質感を、人体にいかした「ロボット美女」が誕生。それがいきなり大ヒットになって、イラスト仕事の絶頂期を迎えることに。日本国内はもちろん、海外からも雑誌、広告、

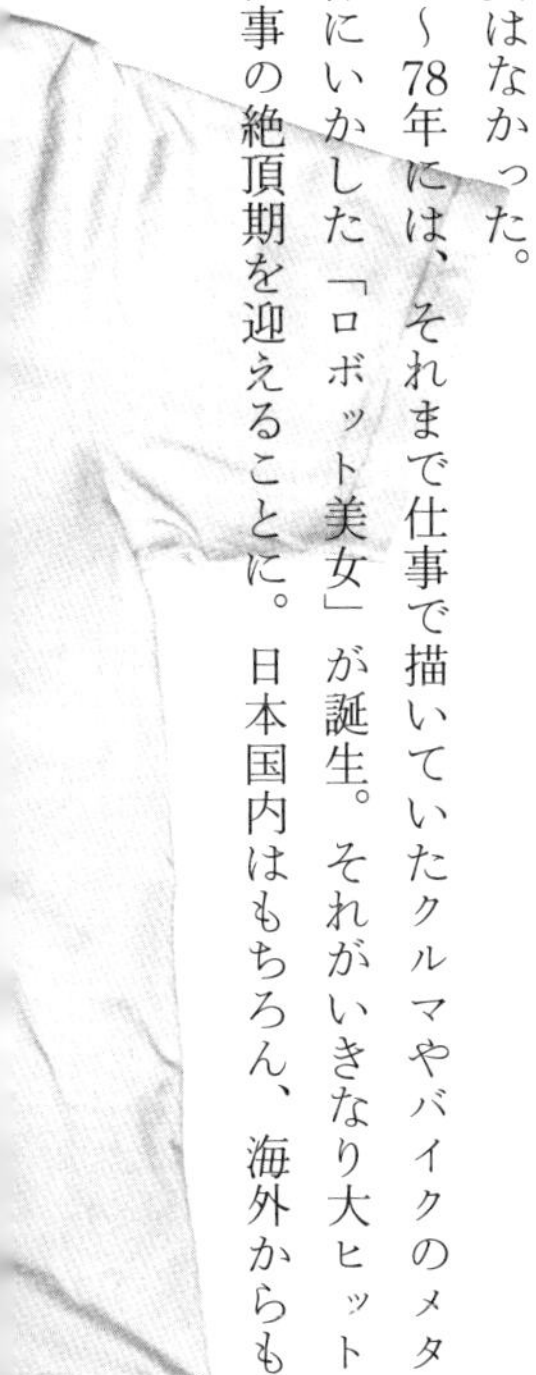

さらにジョージ・ルーカスのＩＬＭ（インダストリアル・ライト＆マジック）や、マイケル・ジャクソンの『キャプテンＥＯ』のオファーまで舞い込むようになる。
１９９９年にはＳＯＮＹのＡＩＢＯで、またも一世を風靡。しかし次第に依頼されたイラストレーション仕事よりも、注文を受けずに作品を描き、コレクターに届ける制作スタイルに傾いていく——「やっぱ自腹で買うやつの評価がぜったい正しいから」。
若いころは、寝ていてもアイデアが浮かんだら起き上がって描くという状態で、パジャマも絵の具だらけだったが、2回目の結婚で子どもができてからは朝型生活。朝6時半〜7時には起床して、トーストを焼いて、猫のトイレを始末して、スタジオに出勤。夜の7〜8時には帰宅するという生活を、もう30年ほど続けている。

WWFのTシャツは5〜6年前の誕生日か父の日に、娘たちがくれたプレゼント。あの完成度の高いパンダのデザインが好きなのを娘たちが知っていて、Tシャツとパンダのトイレットペーパーをくれた。しかしそのままで着るのではなく、あえてパンダの眼に涙を描き足している。そのほうがコンセプトが伝わりやすいから。

この前もミッキーマウスがチェーンソーを持っているパクリTシャツを見つけて、即購入。そのチェーンソー部分に血がしたたる図柄を描き足した――「そのほうがずっとおもしろいから」。

Tシャツだけにとどまらず、他人の絵を買っても、よく直してしまう。もちろん本人には「こんなふうにしたよ」と告げるが。家に飾ってある絵の3分の2は直しを入れてあるほどで、「こうすればもっとよくなるのに」と思うと、我慢できない性質である。

WWFパンダをはじめ、自分流に手を加えたTシャツはたくさん持っているが、そういうのがわかるひとと会うときにだけ着ていく。ちなみにプレゼントに手を加えられたのを見た娘たちは、「いつもどおりね」と冷静な反応。世間じゃない、自分のスタンダードで生きていると、彼女たちはわかってくれている。

モスクワ地下鉄マップ

◎41歳男性
◎映像作家

幼少期から現在に至るまで、特に目立たない、明るすぎず暗すぎず、いたって平凡な男子。欲がないとよく言われる。中学校時代に通っていた塾で、ひとりの先生と仲よくなる。彼の開くグループ展に写真やコラージュを出品させてもらい、「表現」することの喜びを感じ始めた。

映像学科のある美大にことごとく落ち、1浪の末、市川準などを輩出した東京映像芸術学院へ。学院時代から作品は作っていたが、賞などとはまったくの無縁。そもそもコンペ等に出品すらせず、自主制作の他はとにかく散歩と写真に明け暮れる。

卒業後はバイトとADに追われるうちに、先輩ディレクターからの誘いでテレ東の深夜番組立ち上げに携わると同時に、その番組でディレクターデビュー。1999年1月に始まった『はいかい』で、学生時代の散歩が活かせるコーナーを担当。評判はまずまずだったが、あえなく1クールで終了。その番組の女性プロデューサーから、がんばったご褒美にロシアへのチケット代をもらう。Tシャツを買ったのはそのご褒美ロシア旅行のとき。23〜24歳ごろだった。友人がロシア留学していたので2週間ほど遊びに行って、路地の屋台みたいな商店で購入したモスクワメトロTシャツ。

が、しかし……帰国してからのある日、友人と友人弟と部屋飲みして、そのまま寝てしまい、なんと寝ゲロ。他のふたりは熟睡していたので、ばれないように、そのとき着ていたメトロTシャツで急いで掃除、事なきを得た。翌朝、裸で帰らずにすんだのは、当時Tシャツ2枚重ね着が流行っていたから……。

かなり気に入っていてヘビロテしていたので、まだロシアに滞在していた友人に頼み込んで、空輸してもらったのが2代目になるこのメトロティーである。

JAWS2

◎48歳女性
◎編集者
◎東京都出身

1968年、東京都葛飾区立石で生まれる。その後、吹きっさらし感全開の千葉の新興住宅地に移転。きょうだいは2歳下の弟と8歳下の妹の3人。家の隣はピーナッツ畑だった。小学生のころは人とのコミュニケーションも苦手で友達もあまりいなかったし、先生にも可愛がられていなかった。父を喜ばせるために8年間習ったバイオリンも苦痛だったなぁ。だってまったく上達しないから。

地元の公立中学に進学。1年生のとき、たまたま本屋で手に取った『mcシスター』にハマる。写真の素敵さ。日本人のモデル（村上里佳子さん、吉田光希さん、今井美樹さん、今藤マリさん、それから根本聖子さん）のかっこよさ。見たことのない服や、その組み合わせの洗練。カルチャーのにおい。当時千葉を席巻していたヤンキー文化をダサいとしか思えなかった自分に、mcシスターの世界は希望だった。

とはいえ学業のほうは不振。「勉強する奴はダサい奴」という風土だったこともあり、父も単身赴任で日本に居ないのをいいことに勉強はほぼ放棄。偏差値の低い高校に入学し、引き続き『mcシスター』、それから『ビックリハウス』『ガロ』『宝島』、あとは『ヴォーグ』と『ヴォーグ・バンビーニ』のイタリア版、それからたまに『エル』の仏版とUS版を耽読（イタリア語とフランス語はまったく読めないので見るだけ）。その頃は『オリーブ』が勢いを増していた。でも自分は『オリーブ』の選民思想が鼻について（慶應女子や青学や立教や成城に行ってない子は、人間じゃないと宣言されてる気がしてシャクだった）、好きではなかった。皆がどんどんシスターからオリーブに鞍替えするのも悔しくて、「自分はｍｃシスターを絶対に裏切らない！」と宣言しながら、誰にも内緒で『オリーブ』も読んでいた。恩田義則さんの写真からほとばしる、「生きている感じ」に度肝を抜かれた。こんな写真があるのか！と衝撃を受けた。

高3のとき、ふと「最終学歴をちゃんとしておかないと今後いろいろ不自由かも？」と思い、受験勉強を決意。性格的に不器用で、勉強と男女交際を両立させるなんて無理と思ったので、当時付き合っていたボーイフレンドとは別れることにした。最後のデートはRCサクセションのライヴ＠日比谷野音。1986年の8月だった。『ラプソディー』に『よそ者』、それから『ヒッピーに捧ぐ』。ずっと泣きながら大唱和した。

父が指示した大学に運良く合格。大学時代はいろんな男の子たちと付き合ったことしか記憶にない。昭和から平成に変わったときは大学3年生で、その瞬間は当時付き合っていたボーイフレンドとセックスしていた。TVの番組が中断し、緊急ニュースに切り替わった。セックスを途中でやめて、彼がベッドから手を伸ばしてチャンネルをぐるぐる回した。みんなニュースになっているのに、3チャンだけが「オコジョの生態」のドキュメンタリーをやっていた。彼とすっぽだかでそれを見ていた。

大学4年のとき、ｍｃシスターに就職しようと思いつく。奥付を見て編集部の住所

s2

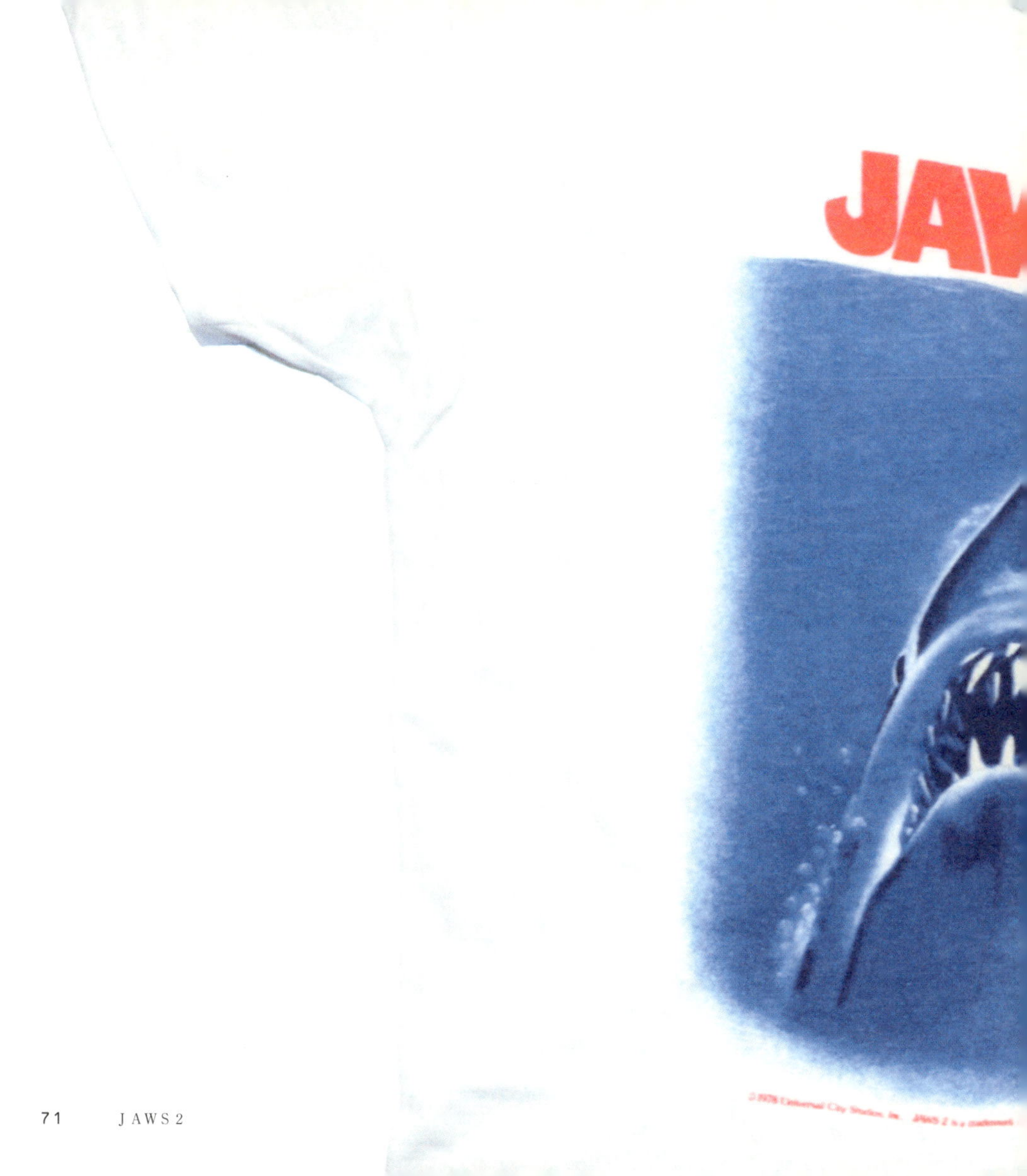

を確認し、当時の編集長（林信朗さん）に「働かせてください！　私は役に立ちます！」という厚かましい手紙と、大量の企画案を送りつける。編集長が電話をくださり、婦人画報社に会いに行くことになった。「いちばん自分らしいと思うコーディネートで来て」と言われ、悩みに悩んで「ラコステ」のネイビーのポロシャツと古着の「リーバイス」の501、裸足に「クラークス」の茶の表革の「ナタリー」で行った。カジュアルを装いながらも必死MAXのドレスアップ。ちょうどそのタイミングが、新卒採用試験の応募書類締め切りだった。「今すぐ出せ」と編集長に言われ、速攻で書類をつくり応募。運良く合格し、mcシスターに配属される。編集者が編集、ライティングからスタイリングまでをやるのが婦人画報社のスタイルで、必死で仕事を覚えた。

1997年に1歳上のグラフィックデザイナーの彼と結婚。1999年に最初の息子を授かるが、その子には重い障がいがあり、闘病の末亡くなってしまう。この体験は今も総括できない。申し訳なさ過ぎて、苦し過ぎて。

一周忌の日に前の上司が電話をくれ、ファッション系のWEBマガジンをやらない？と言う。私の状況を知っていて、気分転換したら？という親心もあったみたい。デジタルは別に得意じゃないし、いろいろ面倒くさい部署らしいことも聞いていたけど、気持ちを切り替えたくて受諾。人をマネージした経験はなかったし、P／Lの意味もわからない。ラグジュアリーブランドの世界のこともよく知らないし、それほど得意でもない。でも、そのWEBマガジンは時代と人に恵まれて成功した。

2006年5月に最後の出産。1カ月の産休と育休を経てフルタイム復帰。その頃夫は鬱病で、8月に父が脳梗塞で倒れるが命はとりとめ、その後後遺症に苦しむ。乳児だった息子と5歳の娘を育てながらの編集長仕事は過酷で、仕事上での試練も重なり、その頃のことはほんとうに記憶にない。どうやって乗り切ったんだろう……。ひとりになる時間を作らないと、自分も頭がおかしくなると危機感を感じ始めたところに、広告仕事の絡みで編集部で駅伝部を創設することになり、12月26日から走り始めた。ステラマッカートニー×アディダスの1stコレクションのウエアを揃えたのはわくわくしたし、無理だろうと思って走った5キロが意外に楽勝だったので、予想外にハマった。

ラグジュアリーの世界で上を目指し続けていくことに限界を感じていたころ、縁があり現在の勤務先に移る話がきた。媒体のテーマがファッションや美容ではなく、出産や赤ちゃん、それから生活情報であることに惹かれた。「ランウェイから分娩台までOKの編集者」ってかっこいいじゃん!と転職し、いまに至る。パリやニューヨーク、それから血筋や経済的に豊かなことが尊かったファッションの世界とは違い、「おしゃれ」「いけてる」「親から与えられたもの」以外の「佳きこと」を拾い上げる主婦雑誌の編集の仕事は深く、手応えがある。

自分の編集者としての潮時はいつだ?とずっと思ってきたけど、去年から考えが変わった。やめようとするのをやめる。いま10歳の息子が大学を卒業する2028年まで、編集で食って彼らを養い続けていくことがいまの目標。1年先のことも見えないし、確かなことはなにもないけど。

「JAWS2」のTシャツは2006年に出産し、産休と育休をとっていたときに、夫がアメリカで購入してきたもの。

夫はフリーランスのグラフィックデザイナーだが、2000年ごろから仕事が減り、そのせいかわからないけど鬱病になってしまった。デザインではもう食えないかも、と古着屋になることを考え、高円寺で古着屋をやっている友達が西海岸に買い付けに行くのに、運転手兼見習いで随行したいと相談された。私が育休を終えて復帰したら、夫が家事育児をするのでアメリカに行くなんてまず無理だし、それから、たぶん、非日常な場所に行って気分を変えたかったのだと思う。私は「育休明けには職場での居場所がなくなるかも」のプレッシャーと、あまり得意ではない子育て三昧の暮らしにやや行き詰まっていたので、「何もいまアメリカ行かなくていいじゃん、家事と子育てやってくれよ～」と不満だったが、夫がこれをきっかけに元気になればいいやと自分に言い聞かせ、しぶしぶ許可。このシャツはそのときのおみやげ。夫が私に気を遣って買ってきてくれたらしい。古着を買い付けるスリフトショップで買ったと聞いた。なお夫は結局古着屋にはならず、グラフィックデザインを続けている。あとは家事と子育てをしてくれている。

JAWS2のTシャツはかなりぶかぶかだけど、まったく今っぽくない感じが可愛くて好き。「JAWS」じゃなく「JAWS2」なのも、さらに安っぽくて良いし。なのでいまも着ている。一昨年、海に行くことになり、原宿の「パタゴニア」に水着のブラを買いに行ったとき、うかつにもこれを着ていた。接客してくれたお姉さんに「このTシャツを着たひとが海に行くための水着買うんですか…微妙ですね…」と、やや非難モードで言われ、「は！しくった」と思ったことが心に残っている。パタゴニアにこれを着て行く私は意識低い系。とくに反省していないけれど。

豚

◎34歳男性
◎設計事務所社長
◎兵庫県出身

小学生のころから、路上で弾き語りライブをしていた。そのきっかけは小学校の前にあった骨董品屋兼フォーク好きなおっちゃんが集まる喫茶店。来ているのは40〜50代のおじさんで、ギターを弾きながら酒を呑んでいた。そこでギターを教えてもらい、「路上で弾いてみたら」と冗談半分に言われたことを真に受け、小4のころ板宿駅の商店街で弾き語りを始める。なんと小6まで、ずっとひとりで続けていた。塾帰りの姉が通ったり、仕事帰りの父親が通ったりするなか、吉田拓郎や井上陽水を声変わり前のすごく高い声で熱唱。たまに投げ銭もいただいた。

しかしある日、そのフォーク骨董屋でCharのCDを聞かされ、それがめちゃくちゃかっこよかったので、路上をやめて家でロックを弾きだす。両親がキリスト教徒だったために、通っていた教会でもギターを弾かされていたが、フォーク屋で教えてもらったブルースを弾いたら、ノルウェー人の宣教師にめっちゃ怒られて教会から足が遠のき、ギターも弾かなくなる。

高校卒業後は兄姉と同じ芸術系の大学に進学し、家が設計事務所だったので建築学科に進む。しかしいくら設計しても、それを自分自身の手では建てられないことがいまひとつ納得できず、自分で手を動かしてなにかを作りたいと思って場所を探していた4回生のときに、稲荷市場という地域に出会う。最初は銭湯でイベントをやったりしながら、徐々に街に溶け込んでいき、ついに空き家を紹介してもらうまでになった。

自分たちで直して住めると思ったが、電気や水道工事など、技術がないままでは思うようにいかない。そんなときに地元の職人さんが集まるホルモン屋に通うようになって、職人さんに出会うきっかけができた。一杯ご馳走したらコードをつないでもらうような関係で、いろんな作業を見よう見まねで覚えていった。

当時、地元のFM局が震災後の商店街を盛り上げるイベントを企画していて声をかけられるが、つまらないイベントしかできないのに嫌気が差し、自分たちで企画しておもしろいことができる場所を作りたいと、市場内に「salon i'ma」というイベントスペースを作る。27歳だった。

話を聞きたいひとを全国から呼んでトークイベントをしたり、稲荷市場を舞台にアート系の企画を立ち上げたり。自分と同じように、DIYで改装して安くおもしろく住みたいひとたちに向けて、市場の空き物件を紹介するボランティア不動産屋も2003年くらいから続けていて、いちばん多いときには後輩や友達が全部で13人くらい住んでいたことも。みな結婚や就職の関係で引っ越してしまい、住んでいる仲間はどんどん減ってしまったが、いまも「salon i'ma」は続けていて、月に2日ほどイベント営業している。

本職のほうは父親の設計事務所に入ったら、なぜか取締役になってしまい、そこそこ忙しく、2015年の夏に長女が誕生し、そちらもそこそこ忙しい。

豚のTシャツは、高校生のときに姉ちゃんが着ていたもの。そのころは痩せていたので姉ちゃんの服を着られて、痩せてる人間が豚のTシャツを着るというギャップが気に入っていた。稲荷市場でイベントをやるときにも、豚のTシャツを着てると覚えてもらいやすく、子供たちからは「ぶたにい」と呼ばれていた。人に覚えてもらえるTシャツだからと思い、捨てないで取ってあるけれど、いまではTシャツの絵柄に体型が近づいて、入らなくなってしまった。

ヘインズV

◎43歳男性
◎ＷＥＢ制作会社経営
◎石川県出身

戦中生まれの父親はもともと金沢の大学病院に勤務していたが、安保闘争で学生側に立ったため居づらくなり、地方の病院を転々とすることに。ゆえに生まれは舞鶴、その次は富山と、毎年のように引越しを繰り返す。ようやく破門が解かれ石川県に戻れたが、金沢ではなく七尾市の、できたばかりの小さな病院に勤務することになった。

教育熱心な父親だったので、兄貴の受験のために10歳で金沢に引越し、自分も中学から地元の進学校に。卓球部に入るが、1回戦を勝ったことすらない。部活以外に放送委員を兼ね、運動会のときに50メートル走でセックス・ピストルズやレッド・ツェッペリンを爆音でかけたりして、いつも怒られ、だいたい廊下に立たされていた。

高校は野球部、めちゃくちゃ弱い部なのにレギュラーにもなれず。それ以外はセックスのことしか考えていなかった。大学進学は当初、東京藝術大学を志望するが、東大に10人以上合格するような超進学校だったので、美術の先生もいないし、藝大を受験した生徒など何十年もいなかった。そこで中学時代の美術の先生に相談、毎日放課後に中学に通ってデッサンの勉強。しかしたった1年では技術が不十分と考え、学科テストの配分が大きい芸術学科を受ける。が、なんと学科で落ちてしまい、あらかじ

め受かっていた東京大学に進学する。

大学で初めてのひとり暮らし。布団が手違いで届かずフローリングに直に寝たが、それを補って余りあるほどの多幸感。自分の人生でもっとも幸せだったのが、あの18歳でひとり暮らしを始めた夜だった。

大学生活ではあまり授業に出ないで、ひたすら街歩き。東大からまず渋谷、タワレコで試聴2時間、パルコブックセンターとロゴスで立ち読み、さらに大学で付き合い始めた彼女とセックス三昧……、というコース。そのせいで2年生を2回やる羽目になったが、なんとか5年かかって卒業。

卒業後は雑誌社に就職するが、年功序列制度に嫌気がさして8年で退職。その後、グラビアアイドルビデオを出版する会社勤務を経て、2006年に自分の会社を立ち上げる。とはいえ現在の一日の実働時間はだいたい30分、残り時間はオンラインゲームの実況動画を眺めている。

Tシャツはヘインズの後染め。会社設立後、1年目の業績はひどかったが、翌年から売り上げ増、会社に泊まることもあり、着替えたくて会社のすぐそばの古着屋で購入。1枚1900円で20枚以上買って、最後に残ったものがこれ。買ったときからヨレヨレだったが、もともとヨレヨレのTシャツが好きなので、もろに好みである。「ヨレヨレ好き」は男の文化で、女にはないものだし、トム・ウェイツが広めたスタイルでもある、と自分では思っている。

いまではTシャツは着なくなってしまったが、趣味の自転車の掃除をするのに適しているので、いつか使おうと思い、捨てずにずっと取ってある。

50% off
Musician
Tee Shirt

SPAM
Teletubbies
SPAM
THE Simpsons
THOMAS & FRIENDS
Mr. POTATO HEAD
PUMA
注
JAD
防犯装置
作動中
LOW N SLO
Happy

ades
Candy Wood

PPFM

◎40歳男性
◎特殊呼び屋／会社員
◎北海道出身

父親の仕事の関係で、北海道内の足寄町、標茶町、中標津町、幕別町、帯広市などを転々とした。小学校入学前から帯広に定住することになり、高校卒業まで暮らす。高校生のとき、田舎町のビル地下に「WAVE」が出店した。購読している『TV Bros.』のディスクガイド記事を読み、CDを探しに行くようになった。店舗にはDJブースがあって、他校の生徒がM.C.ハマーの盤などを学ラン姿で回す合間に、こちらはおずおずとクラフトワークや現代音楽の盤を回していた。レコード収集では他に、『レコードマップ』という年一回発行される分厚い、全国のレコード店とそれぞれの保有枚数や得意ジャンルを網羅的に記載した本を購入していた。

同じ頃、書店で見つけた80年代の『ガロ』を読み、多くの作家の存在を知る。文化人類学者の山口昌男や、民俗学者の大月隆寛の著書や雑誌記事を探したり、すでに古書店に溢れていた現代思想やニューアカデミズムの本を拾って読んだり。学校帰りに何気なく自転車で寄った街なかの田村書店では、奥の美術書のコーナーで『TOKYO STYLE』という分厚い本を発見。しゃがんで読み進め、衝撃を受けた。

こんなことばかりしていて、当たり前に学業の成績は最悪。浪人の末、なんとか地元の国立大に滑り込むが、カネがないので授業料を免除してもらい、奨学金をもらいながら、家庭教師や単発の肉体労働バイトで糊口をしのぐ日々を送る。

地元の工業系メーカーに就職、居場所のなさをつねに感じながら、20代はただただ働き続けた。30代半ばになって、友人たちとイベント興業を始めることになった。根本敬先生を札幌にお呼びしてDJイベントをやったり、幻の名盤解放同盟30周年のイベントなどを企画したり。小規模ながらもさまざまなひとたちと繋がって、いまもひとり地元で活動を続けている。イベントや展示、各地への遠征のための資金は、働いて得た給料や、外貨投資などの利益を充てている。

今年初め、深夜の歌舞伎町にいた時に実家から着信あり。母が眠ったまま目覚めないので、救急車で搬送されたと。翌朝の飛行機で新千歳に戻り、車を運転して地元へ。1週間後に母は息を引き取った。

20代半ばで父親を亡くし、これで両親がいなくなった。葬儀や事後の処理が山ほどあり、ここ数カ月はそれに追われ、悲しんでいる時間さえほぼなかった。母は生前によく言っていたとおり、子どもになんの迷惑もかけずに死んでいった。社会人になって北海道内の各地、海外はソウルに2回連れて行ったけれど、他には大したこともしてあげられなかった。自分が大学生のころから死ぬ前までずっと、自身の生活や子供のために介護の仕事を続けてくれた母に、もう少しなにかをしたかったと考えれば考えるほどに、立ち上がれなくなるような気分になる。

高校卒業までは服装というものに、いま以上に本当に無頓着だったから、デパート

の衣料品担当だった母は、そこで扱っていたコムサやペイトンプレイスの服を買ってきては与えてくれた。このペイトンプレイスのTシャツも高校生の頃に買ってもらい、20年以上も捨てられずにずっと持ち続けている。

ラルフ・ローレンのウイングフット

◎44歳男性
◎ビル管理
◎東京都出身

いつも図鑑を持ち歩くオタク的少年時代を過ごしたのち、早稲田大学法学部を卒業。司法試験合格を目指すが、いろいろな事情で諦め家業をつぐ。家業は祖父の代から受けつぐ自社ビルの管理。お気楽な仕事と思われがちだが、壁が剥がれたといえばペンキを塗り、雪が降れば雪かき、エアコンが壊れれば電気屋を呼ぶという便利屋（自称・代表戸締り役）として、せこせこ働く日々。

　捨てられないTシャツはラルフ・ローレンのウイングフット・シリーズ。1992年のバルセロナ・オリンピックを記念して発売された（ラルフ・ローレンはアメリカ・チームの公式ウェアを担当）。「ファミリーセールで親が買ってきて、ダッサ！って思って、サイズもでかいし、はじめから寝間着にしてたんだけど」、なぜかいまだに着続けている。しかし23年目にしてまったく穴もあかなければ、ヤレ感もないというすぐれもの。

ウィングス

◎50歳男性
◎レコード会社勤務
◎福島県出身

父親がゼネコン系の建設会社の社員だったため、原発関係の港湾工事で女川・福島・東海村と父親が転勤を繰り返す。いちばん長く暮らしたのは双葉郡の富岡町。小学校高学年から高校を出るまで過ごしたが、東日本大震災で事故を起こした福島第一原発の10キロ圏内にあり、いまはもう入れない。

小学校のころからカルチャー体質というか。母親が同じ転勤族のお母さんたちと買い物に行くと、子どもたちは映画館にぶち込まれていた。都合よく子供向けの映画がやっているわけではないので、『小さな恋のメロディ』から『タワーリング・インフェルノ』まで、時間がちょうど合うものはなんでも。さらに怪獣好きの漫画好きで、漫画は『少年チャンピオン』がドカベン、『少年マガジン』が釣りキチ三平、バイオレンスジャックと巨匠全盛期。アニメも雑誌『アニメージュ』創刊とともにハマる。小学校の卒業文集では映画監督になりたいと書いていた。

中学校になると、映画館のほかにレコード屋など、カルチャーの匂いのする場所に入り浸り、いろいろ影響を受けるうちに不良に憧れるようになる。ヤンキーではなく、ドラッグとかやるようなワル。ちょうど村上龍が出て、その小説に堕落したかっこよさを感じていた。そのころから友人とロック・レコードの交換も始める。最初に聴いていたのはドアーズやストーンズ。雑誌が元気な時代でもあり『SFマガジン』や『奇想天外』、『OUT』など読むうち、角川から出ていた『バラエティ』に音楽記事がいろいろ載っていて、泉谷しげるやはっぴいえんどを聴くようになる。中学の卒業文集では、編集者になりたいと書いた。

高校では新聞部に入って、自分の書いたものが活字になる楽しさを覚える。『ロッキング・オン』を愛読し、岩谷宏や松村雄策のようなニュージャーナリズム系の文章がかっこいいと思うようになり、ミニコミも作っていた。音楽ではスターリンにハマり、コピーバンドを結成。しかしメンツが揃わず、ALFEE好きのギターを説得してメンバーに。なのでALFEEの『メリーアン』も、スターリンも、バトル・ロッカーズの『爆裂都市』の曲もやるというバンドに成り下がる。

実家があったあたりはほんとうに田舎で、最寄りの夜ノ森（すごい駅名！）という駅も無人駅。本屋で『プレイボーイ』を買っただけで、めぐりめぐって親にバレるような。そういう田舎の状況にほとほと嫌気がさすうち、大学進学を機に家が相模大野に引っ越し、東京の大学に入学。髪の毛を立て、革ジャン、黒のスリムパンツという格好がきっかけで、学食でパンクスの友達が増える。そうした友達から丸尾末広、早見純、片山健、花輪和一とかの漫画にどっぷりハマるように。また、当時はスケートカルチャーとパンクとメタルがミックスした時期で、ミスフィッツやメタリカ、スイサイダル・テンデンシーズなどにもかなり影響を受けた。

なのでハードコアパンクは、自分たちにとっては最先端のオシャレだったにもかかわらず、大学生の大半はスキーやテニス。時代はバブル突入期で、まったく相容れなかった。下北の小さなクラブなどで遊ぶうち、編集プロダクションで働く友達に誘われ、大学生をしながら手伝うように。西武のバレンタイン企画で、岡崎京子さんと野々村文宏さんのトークショーを企画。岡崎さんが忘れて来なかったが、それがきっかけで仲良くなって、岡崎さん、桜沢エリカさん、中尊寺ゆつこさんなどにすごく可愛がってもらうようになったのも、いい思い出。やはり岡崎さんの紹介で青山のクラブで、

DJデビューも果たす。

大学卒業後も編プロで働くが、体育会系のノリについていけず、24歳で退職。しばらく、親と水戸黄門の再放送を見る日々だったが、岡崎さんから仕事を手伝わないかと誘われた。それが川勝正幸さんが企画したデニス・ホッパーの写真展で、会場は京都清水寺の成就院。3人で成就院に泊まり、雑魚寝したこともあった。

25〜26歳になって、今の会社の求人を見つけて入社。最初の担当はX(のちX JAPAN)の所属レーベルで宣伝担当。その後、CHIEKO BEAUTY、スチャダラ、真心ブラザーズなどと出会い、世代が近いこともあって、制作を担当するほうになる。『サマーヌード』、『今夜はブギーバック』など、ヒット作をずいぶん出すが、めんどくさいやつと思われていたのか、上からは評価されず。そのうちにアンティノスミュージックという新レーベルに移り、スチャダラ、Cornelius、ヤン富田からSILVAまで、さまざまなアーティストを手掛ける。

アンティノスが親会社に事業統合されることになって、本体に移動。ゆらゆら帝国などを扱うが、だんだん上に立つ立場になり、苦労が増える日々。感性はまだまだ鈍っていないつもりだが、これからは若い世代にもどんどん教えてもらわないと、と思っている。

ウィングスのTシャツは、20年以上前に購入。ビンテージのロックTシャツが流行るかもと思い、買ってみたものの、実はジョン・レノン派でウィングスは嫌いだった……(笑)。いまでもたまに着てみようと思うが、違和感があって着用できないいまま。でも、いつか価値が出るかもと思って、捨てられないでいる……。

ドルチェ&ガッバーナ

◎50歳男性
◎建築家
◎東京都出身

父親は競馬評論家で、各地の競馬場を渡り歩いていたから、あまり家にいることがなく、周囲からは母子家庭と思われていたことも。いつも白いスーツに短いパンチパーマ、グラデのサングラスというスタイルだったし、喧嘩っぱやいしで、子どもごころにかなり違和感があった。

自分でも変わった子どもだったと思う。もし建築家にならなければ、仏像研究家になろうと思っていたくらいで、ピラミッドパワーもすごく信じていて、アクリル三角形を頭にのせたり、心霊とかオカルトものも、めちゃくちゃ好きだった。そして、叔母が持っていた大学の卒業アルバムを眺めては、柔道部や相撲部の写真にすごくときめいていた。日本の祭りのふんどし写真もすごく好きだった。意識したのは小学校のころだと思う。家でこっそり見た『11PM』でやっていた、伊藤文學の『薔薇族』特集を録画したのを覚えている。

小学校に上がるころから、すでに建築に興味があった。当時から小遣いを貯めて『モダンリビング』とか『住宅設計実例集』を買ったり、誕生日には椅子が欲しいとか言ったり。銀座松屋のグッドデザインコーナーにも、せがんでよく連れて行ってもらった。設計、デザインがほんとうに好きで、中学に上がるころには建築家になると完全に決めていた。

大学で日大理工学部の建築科に進学し、卒業後はアトリエ系の建築事務所に就職し、下積み生活が始まる。とにかくヒマな事務所で、給料は少なかったけれど、ボーナス代わりに旅行券をもらって、2〜3週間の休みで、いろいろな建築を見てまわった。時代はバブル真っ最中で、同級生は就職1〜2年目で、みんな車も高い時計も持っているし、どうしてだかみんな、めちゃくちゃ稼いでいた。自分ひとりだけ、バブルの時代にバブルじゃなかった気がする。

その事務所には7年在籍、そのあいだに一級建築士の資格を取得してから、新宿に近いお給料もちゃんとした事務所に入所した。

時代は2丁目全盛期。事務所も近いし、週3日は遊びに行っていた。昼より夜が好きだったころのこと。90年代は「〜〜ナイト」と呼ばれるイベントが、いっぱいあった。最初に「ひげナイト」がデライトというハコで始まって、それがすごくおもしろかった。あとは「兄貴クラブ」(70年代のディスコミュージック=兄貴たちの音楽)とか。行きつけのお店にはいつもだれか友達がいて、お店に荷物を預けて「ナイト」に遊びに行くというのが定番。

「ナイト」に通い詰めたのは90年代がピークで、そのあとなぜかまったく気持ちが衰えて、30代半ばからは髪の毛もロングにしてみたり。そんなイメチェン期が3年ぐらいあって、女の子のウケはよかったけれど、ゲイウケは最低。髪の毛も抜けるし、常にセットしないといけないのもキツイと思いはじめ、いまの丸坊主スタイルに落ち着く。

仕事は33歳のときに独立して、個人事務所で住宅や店舗を中心に設計の仕事を続けている。自宅が仕事場で、週3でジムに通い、体力というよりも「見栄えの筋肉」造成に励んでいる。夜の出勤は週にいちど、出るか出ないか。遊び場も新宿から上野・浅草方面のふんどしスナックに変った。お酒はまったく呑まないけれど、場に溶け込むには問題なし。カラオケも大好きだし。それ以外はとにかく地味な生活で、ジムに行って、家でDVDを観るという過ごし方がほとんど。

Tシャツはいまから20年ほど前、当時付き合っていた女の子と一緒にヨーロッパ旅行したときに、ミラノで購入した「勝負」タンクトップ。こういうドルガバのような、ブランド系が大好きだった。白とかグレーが多かったけれど、茶色はあまりなかったので、特に気に入っていた。ちなみに、ミラノから移動したパリで「やっぱりゲイだから無理」と告白し、彼女とはお別れする。帰りの飛行機はお互い無言だったが、いまでは彼女も幸せになっているらしい。

当時の東京はゲイナイト全盛期で、六本木ベルファァーレの「ナイト」は、男用のお立ち台もあったので、登って踊りまくっては、あとから登ってくるやつを落としていた。イベントの最後にはアバの『ダンシング・クイーン』がかかって、天井から風船がたくさん落ちてきて……そのころよく着ていた。当時は体型もシャープな感じだったので、こんなタンクトップにぴったりした革パンで、ロザリオみたいなアクセサリーをあわせて、ハードというより、シャープなイメージを狙っていた。

そうやって40代前半のころまでは、いろんなかたちで着ていたけれど、どんどん夜と服に対する興味がなくなって、体型もすごく変ったたし、もう着なくなってずいぶんたつ。いま着ようとしても、ヘソのずっと上までしか来ないし……。なのに思い出が残っているから、タンスの奥にしまってはいても、まだ捨てられないでいる。

ミッキーマウス

◎36歳男性
◎出版社勤務
◎神奈川県出身

父親は公務員、母親は専業主婦の一般的な家庭に弟とともに育つ。少年時代は野球に夢中になるが、父親のレコード棚にあったビートルズやサイモン&ガーファンクルなどにコロっとやられ、気づけばバットがギターに代わっていた。

高校は県内の公立高校に進学。当時の自分にとって憧れだったのがブリット・ポップの寵児ブラーだった。

1997年、人気も実力も絶頂期のブラーが待望の新作を出す。シングルカットされた『Song2』のPVは、メンバー4人が暗い部屋の一室で、なぜか強風にあおられながら楽器をかき鳴らすという映像で、ボーカルのデーモン・アルバーンが着ていたミッキーマウスの古着Tシャツが、ひときわ輝いて見えた。

いてもたってもいられなくなって、当時まだ現在のような変なハイソ感を醸していなかった代官山駅周辺の古着屋を探し回った。

幸運なことに、それほど時間をかけずに巡り合えたのがこのTシャツ。デーモンが着ているものとほぼ同じデザインで、サイズ感もちょうどいい。手に入れてからけっ

 ミッキーマウス

こう長い間、一張羅として大切にしてきた。

その後、都内の大学に進みバンド活動を続けるものの、結局芽が出ることはなく、厳しい就職氷河期に漂流し、ふらふらと路頭に迷う。それでも音楽のおかげで本を読むようになっていたせいか、老舗出版社に拾ってもらい、そこで10年近く営業を任せられ、それなりにやりがいを感じながら仕事に邁進する。

そんな矢先に突然、編集職への異動命令があり、30代中盤を過ぎて右も左もわからない状態で編集職に臨むことになった。

営業時代は毎日スーツと決まっていたが、編集になると毎日Tシャツで気分がよかった。あのときのミッキーマウスのTシャツも、「ここぞ」というときに着ることにしていた。

そんな「ここぞ」というある日の社内、ミッキーマウスティーでエレベーターを待っていると、会社の中でも一番くらいに信用も信頼もできない（当然、おしゃれでもない）同僚のおばちゃんに、めずらしく声をかけられた。

「そのTシャツいいよね、私も持っている。アメリカに旅行に行ったときに買ったの」

……言葉を失った。

あんなに好きだったブラー。大事にしてきたTシャツ。自分を形成してきた10代の思い出。すべてを否定された気分になった。屈辱……その日は、後輩を強引に連れ出し痛飲した。

それでもあのTシャツは、いつかの「ここぞ」のために、まだ捨てずに取ってある。

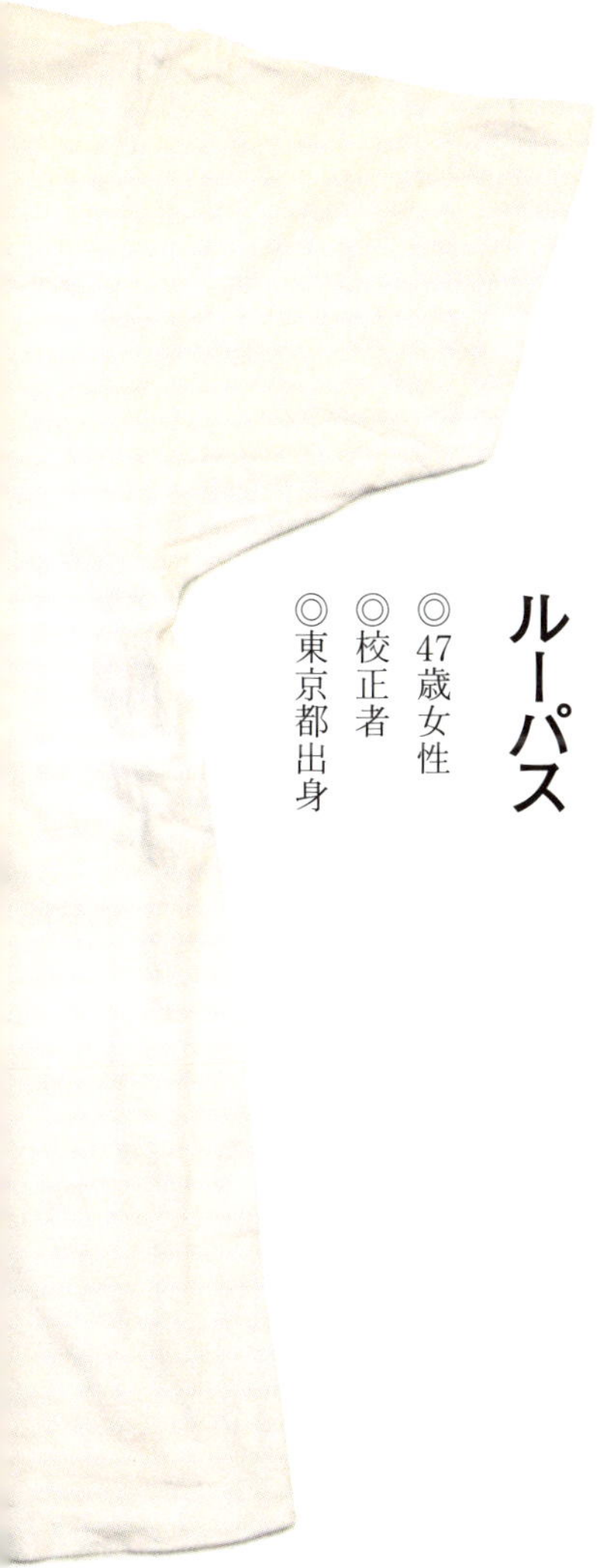

ルーパス

◎47歳女性
◎校正者
◎東京都出身

東京都下で生まれ、小3の夏、埼玉県の新興住宅地に転居する。体育・運動全般は苦手だったので、美術部に入部する。そのとき、中学3年生だった部長の「斉藤先輩」に知らないうちに片想いしはじめ、これが自分の初恋だったと思う。

高校は県立の女子高（伝統校）へ。軽音楽部でギターをものにしようと思ったが自信がもてず、またも美術部に。いっぽう斉藤先輩は高校生ながら、アマチュアバンドコンテストで賞を取って記念にレコードをリリース！　自分は都内でのライブやイベ

ントを観に行くのには縁の無い生活だったので、レコードだけ買っていた。

大学は早稲田大学第二文学部に進学し、図書館司書資格取得を条件に就職する。「人見知り」「内気」と思われがちな生活で、28歳ごろに神経症を発症。以来20年間通院が続いているが、年とともに社交的になっていったのが、せめてもの救いだった。

社会状況が厳しくなるにつれて自分の「適性のなさ」がいろいろな面であらわになって、神経症状もひどくなっていき、入社から丸15年で人員整理により会社を辞めることになったのが2006年の春。

会社員時代の業務を通して「文字に関すること」が好きだったので、それを活かしたいと専門学校の土曜講座で「校正技能」の勉強を始める。2007年春に講座修了で、学校から紹介状を発行してもらえるようになり、ぼちぼち校正の請け負い仕事に出られるようになった。

リーマンショック、2011年の震災と仕事が減っていくいっぽうで、発達障害に由来する鬱病＝精神障害と認定され、給付される障害年金と都営交通の障害者パスが生活の頼りになって現在に至る。

Tシャツは1996年（もう20年前！）、斉藤先輩がメンバーだった「ルーパス」のCDデビューを記念した、日清パワーステーションでのライブで販売されたもの。いまTシャツを見ながら思い返してみると、自分は2コ下なので28歳ごろ。神経症を発症して、最初の一人暮らしのアパートから母親によって「強制撤去」させられ、実家暮らしをしを始めたころのはずなのだが、弱っている時期で外出にはかなり消極的だったはずなのに、よく新宿に出かけられたなと不思議な気持ちにもさせられる。

シャネルNº5

◎36歳女性
◎フリーライター
◎佐賀県出身

佐賀市出身。海外ペンパルとの文通に勤しむ中高時代を経て、東京外国語大学に進学したのち、ロンドンに留学。卒業後はかねてより憧れていたコレクション取材記者となり、29歳で妊娠が発覚するまで世界を飛び回る。現在はフリーランスのライターとして、主にファッション&ビューティ分野でだらだら執筆中。

その約15年前の留学時代、Festival International de Musique Actuelle de Victoriaville（カナダのビクトリアビルで毎年開催されている、ノイズ寄りの現代音楽フェス）に行った帰りに、たまたま立ち寄ったモントリオールの古着屋で購入した「シャネルN°5」。タバコ1箱分くらいの値段だった。かなりオーバーサイズのため、（若かった）当時はワンピース代わりに、その後は部屋着として、今でも引っ張り出して着ている。カナダ旅行はまったく想定外だったが、フェスの出演陣（灰野敬二、大友良英、フレッド・フリス、ジョン・ゾーン、ティボール・セムシェ……）を知った瞬間、脊髄反射でチケットを買った。かなりギリギリだった留学資金をほぼプロパーなエアー代に注ぎ込んだため、残り半年のロンドン滞在計画が破綻。すぐ留学先の学校をやめ、バックパッカー生活に切り替え、この似非シャネルティーとともにドロドロの放浪の日々を過ごしたことは、いまとなっては何物にも代えがたい思い出。タグはとうに取れてしまったが、Tシャツのボディはたしか「フルーツオブザルーム」だった。何百回となく洗濯しているのに、いまだプリントも色あせない丈夫モノ。

ドーバーストリートマーケット

◎54歳男性
◎マーチャンダイザー
◎宮城県出身

小学校のころは、一回も習ったことはないけれど、ダンサーになりたいと思っていた。いまでも会社の余興やスナックでのカラオケなど、なんだかんだで踊る機会が多い。

小中高、それから大学もずっと仙台だった。大学時代はヨット。ヤマハのプライベートクラブに入って、大会にも出たり。そのころからファッションも好きで、洋服好きな友人で集まって同好会を作り、ブリティッシュ・トラッドの3ピースを着用して学校に行ったりする『メンズクラブ』的なスタイルに凝っていた。

卒業後はアパレル企業に就職。ファッションが好きだったから、ほんとうはそれを仕事にしたくなかったけれど、数社を受けたら全部受かってしまった。就職浪人するのは嫌だったので、受かったなかでいちばん小さな会社に決める。小さいからこそ、おもしろいことができるチャンスもあるかなと。

最初のうちは出荷作業と営業。2年で円形脱毛症が数カ所できる。辞表を出そうとしたら、当時の社長から「君はセンスを持ってるからデザイナーになれる！」とポジションを変えられ、給料も一気に上がる。そこがデザイナーとしての出発点。デザインのバックグラウンドは皆無だったが、バンタンの夜間コースに入学し、会社の経費でデザイン科とスタイリスト科に通わせてもらう。

1991年にイタリアへの駐在員命令が出て、フィレンツェに引越し。バブルが弾けたころに帰国命令が出たけれど、帰りたくなかったのでそのまま会社を退職。結局その会社には11年間在籍していた。

別の会社に雇われて2年、そのあと自分のブランドをミラノで設立し、さらにブランド数社の日本向けMD（マーチャンダイズ）コンサルタントも手がける。

帰国したのは2002年。コンサルをしていたLVグループのブランドから、日本で重要なポジションをオファーされたのがきっかけだった。自分のブランドが軌道に乗っていて、何年か休んでもまた同じレベルから再開できそうだったのと、10年間イタリアにいたので、いちど日本に帰って、これからの生きかたを考えてもいいかなと思った。40歳でまたサラリーマンに戻れるチャンスもないだろうし、嫌だったらイタリアに戻ればいいやと思い、イタリアにアパートを残したままで帰国。

以来、いくつかのハイファッション・ブランドを移りながらマーチャンダイザーの仕事を続けているが、正直言うと何年たっても、日本に住むのにちょっと苦痛を感じている。たとえば東京だと、なんの連絡もなしにいきなり友達の家に遊びに行ったりは難しいけれど、ミラノだと「どうしてる？」といきなりドアにノックがあっても普通。そんなふうにだらしなく生きられないのが東京で、いつも行儀よくしていないとならない。人と人との関わり方が、日本よりイタリアのほうが自分に合ってる気がし

ている。

Tシャツを買ったのは12年前、ロンドンに開店したばかりの「ドーバーストリートマーケット」で購入。コム・デ・ギャルソンが母体のセレクトショップだけに、商品は日本のブランドものが中心だったけれど、そのなかにアメリカのデザイナーのブランドも入っていて、その中から見つけた一着がこれ。

Tシャツとしてはかなりの値段で（たしか5万円くらいしたのではなかったか）、かなり迷ったが、「男を引っ掛けにいくための勝負ティー」として思い切って買ってみた。

クラブイベントのゲイナイトはTシャツか、タンクトップか、もしくは脱ぐしか選択肢がない。そのなかで競わないといけないけれど、このTシャツは裏地にプリントが施されるなどデザイン性がかなり高く、Vが深く、（体のラインがよくみえるように）フィット感があるのがポイント。技術的に見ても、かなりリスペクトできる仕上がりだった。

ヨーロッパ、特にイタリアだと「どこで買ったの?」とすぐ聞かれるけれど、東京では恥ずかしくて着られない。マッチョでもないのに露出度の高い派手なTシャツは、バカじゃないのと日本では思われてしまうから。なのでイビザとかバリとかバルセロナとか、もっぱら海外のゲイパーティで愛用してきた。

ファッション業界で働いてはいるが、意外に物持ちがよく、何年、何十年も着続けているアイテムもけっこうあり、このTシャツも50歳目前の5〜6年前まではずいぶん、飽きずに着ていたと思う。旅行に必ず持っていくアイテムのひとつで、夜な夜な着用しては街を、パーティを徘徊していた……。

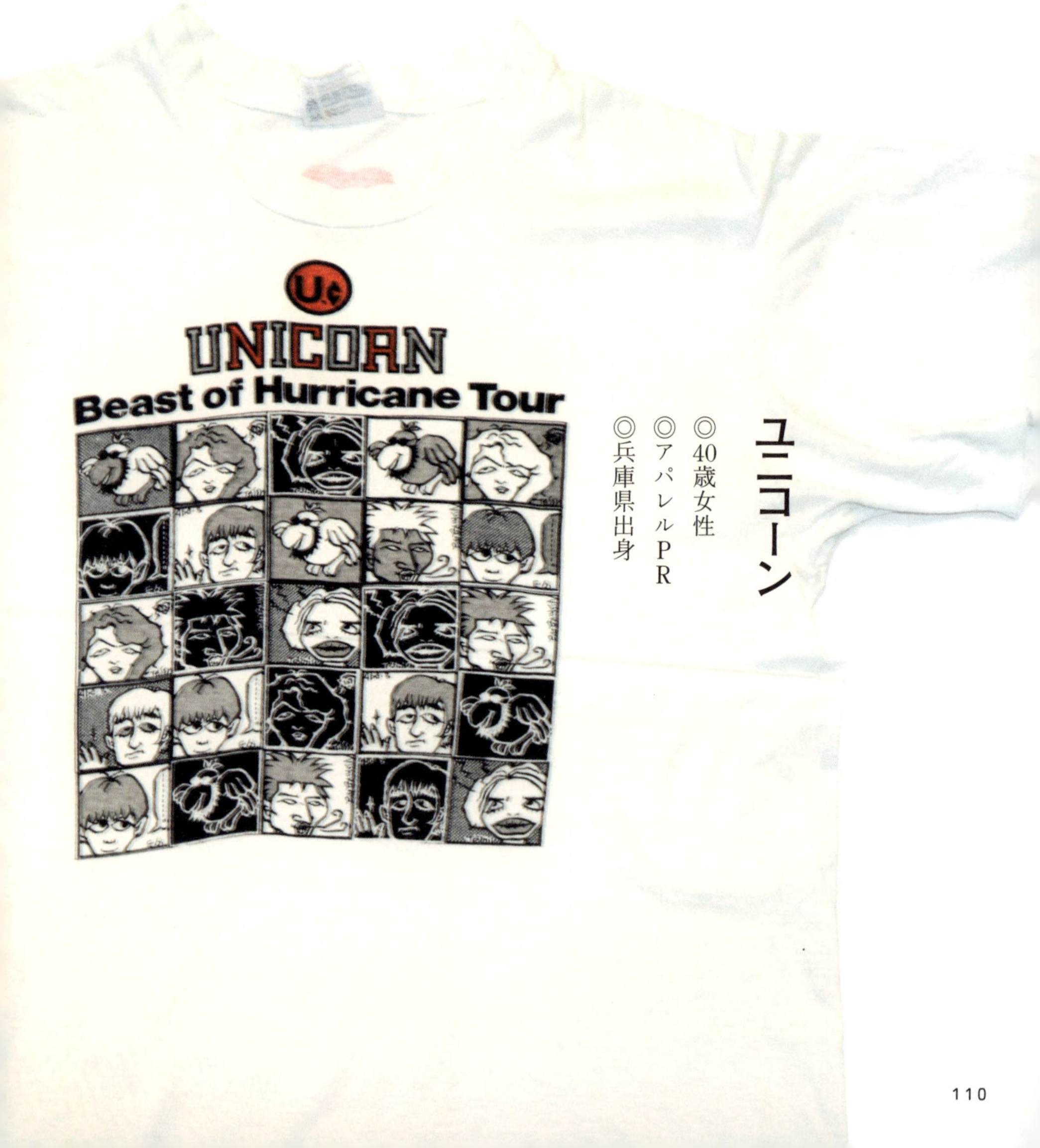

ユニコーン

◎40歳女性
◎アパレルPR
◎兵庫県出身

小1の終わりごろ、大学病院で働いていた父親が留学することになり、テキサス州ダラスに家族で引越した。アイスクリームは学校で売ってるし、トイレに行ってる間に同級生が机からなにか盗もうとしてるし、とにかくカルチャーショックがすごかった。神戸に戻ったのは小3のとき。まだ帰国子女は珍しくて、悪目立ち……。アメリカ人だと思われるのも注目を浴びるのも嫌で、アメリカがどんどん苦手になってしまう（それで「やっぱりヨーロッパだわ！」と、思うようになる）。

中高一貫のカトリック系の女子校に進んだ、高3の夏、父が開業することになり、家族は三重に引越す。自分はあと半年で卒業だったので神戸に残り、そこからずっとひとり暮らし。受験勉強、高校生活、家事……それなりにハードな日々を送るが、無事に神戸の大学に進学。大学1年生のときに、阪神大震災を経験した。

高校のころに『グラン・ブルー』とかカラックスとかフランス映画が流行っていて、よくひとりで観に行ったり、輸入盤のCDを買ったりしていた。初めてのヨーロッパは、大学時代のパリ旅行。この旅行をきっかけに、大学4年のときに10カ月パリに留学することに。そこで『VOGUE ITALIA』などのハイファッション誌をたくさん読み、ファッションのおもしろさに目覚める。留学から帰ってきても、気に入ることしかやりたくなくて、でも神戸にはフランス語を使う仕事もなくて。それでとりあえず東京に引越す。半年ぐらいぶらぶらしながら、それまであまり行ったことのなかったクラブで遊んでみたり。それは楽しかったけれど、東京はお金がないとつまらない！と悟る。

最初は編集プロダクションに就職。そのころは、ファッションに夢を抱いていたので、ファッション誌で働きたかった。会社ではタイアップの仕事が多く、そこで「広報」という仕事があることを知る。その後、できたばかりのPR会社に24歳ごろ転職。仕事でパリ出張もできるようになって、昔好きだったことを活かせる喜びを実感する。最初は3人の会社だったが、みるみる大きくなり、最後は30人ぐらいの会社に。あまりに忙しくなりすぎて、最初の結婚を機に退社する。

しばらくしてから、アパレルブランドのPRに3年半。声をかけられていまの会社に移り、現在はメンズのPRがお仕事。最近、2度目の結婚をして、幸せな日々を過ごしている。

Tシャツはユニコーン。多分、神戸国際会館のライブTシャツ。4枚目のアルバム『ケダモノの嵐』のツアーだったと思う。中学のときのジュンスカ好きの友達に教えてもらって、ユニコーンの大ファンになった。

ただ、ユニコーンはすごく好きだけど、アルバムジャケットやアートワークはすごくダサいと思っていた。このTシャツの柄もぜんぜん好きじゃないので、ここ数年はもはや寝間着としても着ていない。それでも捨てられないまま、ずっと取ってある。

ちなみにいまの旦那はロックっぽいものが嫌いなので、見つからないようにこっそりしまっている。

PR-y

◎40歳男性
◎キュレーター
◎広島県出身

家の裏はヤクザの事務所で、周囲は飲み屋や風俗街が並ぶ環境で育つ。

幼稚園のころから親の勧めで学習塾に通い、「有名中学校に合格すること」が目標になる。小学校6年生になると、「合格」と書かれたハチマキを巻いて勉強し、塾講師は新聞紙を丸めて床を叩いて気合いを注入するという時代だった。

ついに目標としていた中高一貫の有名中学校を受験、見事に合格して通いだすが、周囲は医者や弁護士を目指す、全国から集まった頭の良い猛者ばかり。スタートから勉強に出遅れ、ここから暗黒の中学・高校生活がスタート。周囲の友だちとの会話も合わず、いま振り返ってみても、6年間の学校生活の記憶はほとんど無い。

体も小さかったことから、次第に下校時に他校のヤンキーの標的となり、恐喝される毎日。その反動から、親に当たったり家のものを破壊したりという「家庭内のみ反抗期」の時期に突入。「自分もヤンキーになれば良いのでは」と閃き、刺繡入りの短ランにボンタンという格好だけ真似てみるが、自転車のフレームに貼っていた学校名のシールから、すぐに「ヤンキーもどき」とバレ、再びヤンキーの標的に。自分の居場所を求めて、ハガキ職人として雑誌に投稿したり、小学校のころからの夢だった漫画家を志してみるが、挫折する。

大学受験は当然不合格、1年間予備校に通い、翌年、過去問を丸暗記し見事逆転合格を果たす。大学1年のときは遊んでばかりいたが、強制的に参加させられた知的障害者施設の合宿で感動してしまい、それから障害者福祉を真面目に学ぶようになる。大学3年では実習先の養護学校で、研究授業を担当するまでに。授業開始後すぐに、ある知的障害の生徒が立ち上がり、彼を座らせようとしたところ、僕の頬をビンタして逃走。わずか5分で授業が崩壊してしまう。後を追いかけると、トイレに行きたかったことが分かり、自分の無力さを痛感。ますます障害者の世界に魅了されるようになる。そして卒業後は教員ではなく、一生涯のケアを行う福祉施設へ就職。以後、施設でアート活動を展開し、次第にアウトサイダー・アーティストたちの生き様に魅了され、キュレーターとしてさまざまな展覧会を企画するようになった。

大学時代にはそのいっぽうで、電話とFAXを使った家庭教師のバイトに従事。羞恥心を捨て「ぞう先生」として、電話口の小学生相手にハイ・テンションで採点をするバイトを始めた。そこで知り合った「みつばち先生」と付き合うようになったが、同棲中から価値観の違いを感じ始める。別の男性から電話がかかってくることもあった。

いつも喧嘩が絶えないカップルだったが、勢いでゴールイン。やがて子どもを授かり、気がつけば35年のローンを組んでマイホームも建ててしまう。子育てに生きがいを見出そうと努力するが、30歳になったとき、絶え間ない家庭不和とレールの敷かれた人生に嫌気がさし、ドロップアウトを決意。仕事と家庭とは別の場所に癒しを求めるようになる。同じ職種の子や一回り下の子など、2年ほどの周期で、いろんな女性と秘密の関係を重ねることに。

そんなときに出逢った、ひとりの女性に貰った一枚のTシャツ。ファッションデザイナー丸山昌彦らと、大阪にある知的障害者施設コーナスに在籍する西岡弘治の絵がコラボしたもの。彼女との関係はすぐに終わってしまったけれど、着心地やデザインも良いから、いまも愛用している。

ライナス／カート・コバーン

◎53歳男性
◎アパレル会社執行役員
◎神奈川県出身

横浜といっても、山のほうのガラが悪い田舎で生まれ育つ。子どものころから、根は暗いものの社交性はあった。当時は野球ブームの最盛期、みんな草野球チームを作って野球ばかりしてた。巨人・大鵬・卵焼きをひきずる世代で、水島新司の野球漫画が好きな阪神世代でもある。『ベースボールマガジン』も購読し、どちらかというと昔から雑学に詳しくなるタイプだった。

小学校高学年になるとカルチャーに触れだす。映画館で映画を観るのが一大アミューズメントとなった。『タワーリング・インフェルノ』、『ポセイドン・アドベンチャー』、『大脱走』、『荒野の七人』……、映画雑誌『SCREEN』や『ロードショー』で映画をチェック。ちなみに『SCREEN』はポルノ映画のレビューもあり、オオッ！と思った。また、父親が文学青年で、家には書き込みが入った石川啄木の詩集があり、その影響で文学にも興味を持ちはじめる。

音楽のほうは中学まで家にプレーヤーがなく、ラジオで洋楽を聴いていた。ただ、ラジオではかからない音楽があり、それがパンクだった。なので雑誌で情報を得て、『ミュージック・ライフ』でピストルズの写真を見ては憧れていた。

高校でコンポーネントステレオを買ってもらって、近所のCDショップででピストルズをようやく購入。そこからパンクにハマる日々。とはいえバンドをやるよりもコレクトするほうで、いまも覚えているのは横浜の輸入レコ屋でジョイ・デヴィジョンのファーストを取り寄せてもらい、お小遣いを貯めて購入したこと。5000円もした。当時はバイトしてもたかがしれてるので、お弁当代も切り詰めてレコードを買っていた。あのころがいちばんロック少年だったと思う。

当時はファッションにはまったく興味がないどころか、むしろ敵だと思っていた。好きだったのは音楽とサブカルチャー。

それが大学進学と同時に色気づく。『POPEYE』を買うようになり、いつも掲載されてたBEAMSを知り、20歳の成人式にブレザーを買うために初めて原宿BEAMSに行く。そのまま通っていると、バイトに誘われて、大学4年から現在に至るまで、ずっとBEAMSで働いている。

最初は販売。ひととのコミュニケーションには興味があったから、嫌ではなかった。そこで売上を認められて渋谷のレディースの店長になったあと、バイヤーに転身。経験がなかった領域なので、最初のうちはまったく売り上げに結びつかなかった。しかし自分はユースカルチャーやサブカルチャーが好きだったから、これまでのBEAMSのラインを引きずるのではなく、音楽が聞こえてきそうな服を作りたいという思いが強かった。それで世界中を回るようになる。時代はバブルが終わって、新たなものが出てくるころ。

91〜92年、アメリカではグランジが生まれてきた。そのころの音楽のバリエーションには、スリリングなものがあった。ロンドンでは『Straight No Chaser』誌が創刊され、クラブでジャズで踊る、またレアグルーブと言われる新しいムーブメントが生まれ、古いものをディグして新しい価値を生み出すという文化が息づいていた。

そうしたユースカルチャーで、いちばんパワフルな分野だったのがファッション。最初に買い付けたのは「ズリーベット」というフランスのブランドだった。ズリーベットは閉鎖された精神病院を不法占拠し、そこでリメイクした古着を作り、パリコレの会場前でゲリラ的に売ったりしていて、そのアティチュードがとてもヒップホップだと思えた。

ニューヨークではキム・ゴードンがブランドを始めると聞いて、それはやらないといけないと思って調べてみると「XLARGE」の女の子版「X-girl」で、これは日本でも大ブレイクした。そのあとX-girlの映像を作っていたソフィア・コッポラと出会い、彼女のブランド「MILKFED.」も扱うようになる。

あれからずいぶん経ったけれど、たぶんまだロックに憧れていて、いまからでもトラベリングバスでツアーしたいくらい！　そしていまでもファッションという切り口でいろいろな挑戦ができると思っていて、最近では地方のものづくりを生かして新しい地方物産を考えている。いま、いちばんおもしろいことがやりたいという思い、常にアップデートしている気持ちは昔も現在も変わらない。

Tシャツは10年前に、原宿のとんちゃん通りで購入。ライナスがカート・コバーンになってるところが、すごく気に入った。『ピーナッツ』は子どものころから大好きで、とりわけ谷川俊太郎が翻訳したシリーズを読み耽った。チャーリー・ブラウンは俺だ！と思っていたくらいなので、いまだに着つづけている。

ベルリン

◎60歳女性
◎コーディネーター／コンサルタント
◎埼玉県出身

エンジニアのまじめな父親と、元幼稚園の先生のまじめな母親の長女として生まれる。父親の父、おじいちゃんはプロテスタントの牧師、父母の両方の親戚もみなクリスチャンという家柄だった。

アルバムを見ると、黒いタートルネックに黒いタイツで、とっても楽しそうに踊っている3歳くらいの自分がいる。子どものころから踊るのが大好きだった。生まれ育った家は、良い意味で長屋のようなところで、お隣さんや三軒隣のご近所さんから「カレーができたよ、おいで〜！」と呼ばれて、弟と一緒にごちそうになったり、テレビを見せてもらいに行ったり。お隣さんは梅酒もたくさん漬けていて、子どもの私にその梅を食べさせてくれ、美味しさのあまり食べすぎて酔っぱらい、世界が本当にくるくるとまわってしまった記憶もある。

小学校では植木等のモノマネとかで、クラスのみんなを笑わせるような子だった。そのいっぽうで、お母さんが読んでいた『ミセス』の影響で、小学校低学年のうちからファッション雑誌の虜となり、まずは『ミセスの子供服』でファッションの洗礼を受ける。お出かけの時はレースの手袋に革靴を履いて、お母さんに縫ってもらったワンピースを着ていくような、幸せな子どもだった。10歳くらいからは自分のお小遣いで『装苑』を買い、舐めるように熟読。さらに『服装』も買い、そのうち自分で洋服を縫うように。

『アンアン』も創刊号から買い始めたし、『銀花』からは日本の文化、手仕事、布地、骨董など、大人の趣味世界を教わった。資生堂の『花椿』も大好きで毎月、化粧品屋さんにもらいに行っていた。そういう雑誌たちが私の教科書だった。

音楽のほうは『ビートポップス』〈フジTV系、司会は大橋巨泉〉で、ビートルズやローリング・ストーンズを知る。番組内ではいつも藤村俊二さんが考案したステップを教えてくれて、それを練習していた。

グループサウンズのファンだったので、初めて買ったレコードはタイガース。洋楽は中学のときに『ブラックサバス』を銀座のヤマハで購入したのが最初。『夜明けのオデッセイ』という深夜放送でジミヘン、ジャニス・ジョップリン、ジム・モリソン、3人の音楽と、立て続けの死も知った。そうやって出会ったロックをかけながら、夜は自分の小さな部屋で、おばさんのアンティークの黒いMIDI丈のドレスに、赤い革靴を履いて踊っていた。雨戸を閉めれば、ガラスに姿が映せたから。

高校は東京の学校に行きたくて、世田谷のミッションスクールへ入学。母に縫ってもらったフラワープリントのワンピースを着て、後楽園球場のグランド・ファンク・レイルロードのコンサートに行くような、ある種まじめな子どもだったが、徐々に東京の友達に感化されていく。学校帰りに下北沢や新宿のジャズ喫茶、ロック喫茶に通い、ライブにも行くようになった。お兄さんお姉さんたちに混じって、箱根アフロディーテでピンクフロイドも見たし、デヴィッド・ボウイが初来日したときは、なぜか緑地に白でヨットや船のプリントのしてある50S風サンドレスを縫って、友達の家で着替えて行ったのを覚えている。

高校卒業後は洋服のデザインと縫製を学ぶために衣服研究所に進学、オートクチュールの丁寧な服づくりを学ぶ。卒業後はニットの会社でデザイナーとしてしばらく働いたあと、ファッション雑誌編集部の下っ端に。そこでアートディレクターの男性からクラフトワーク、CAN、NEU!、D.A.F.などを教えてもらい、ドイツのバンドを好んで聴くようになった。そのころはパンク・ミュージック全盛期でもあり、朝起きたらまずセックス・ピストルズを聴いて、勢いをつけて出勤していたこともある。

そんなときに友人からジャズ・ミュージシャンを撮る写真家を紹介され、彼が夏に1カ月ほどニューヨークに行くというので、その機会に編集部を辞め、数人でマンハッタン50丁目近辺のアパートをシェア、ひと夏を過ごすことに。その滞在中にいまは亡きクラウス・ノミのパフォーマンスを観て、非常な感銘を受ける。ノミの脇にジョーイ・エリアス、反対側にはプラチナブロンドの美青年が立ち、ワーグナーの曲で始まるドラマティックなショーに、「これこそニューヨーク!」と思い、ぜったいにこの街に住む、と決意を固める。

帰国後はスタイリストなどの仕事で貯金に励み、1981年秋にふたたびニューヨークへ。住むことになったのはイーストヴィレッジ、アヴェニューAとBの間にあるアパートだった。

　そのころのイーストヴィレッジ、とくにアヴェニューAからDのあたりはアルファベットシティと呼ばれ、危険だから足を踏み入れてはならないエリアとされていたが、私は友人とふたりで近所にあるクラブ『ピラミッド』に毎晩通いつめ、そのうちタダで入れてもらうように。まだお酒を飲めなかったので、水を飲みながら一晩中踊っていた。

　当時のピラミッドは女装好きのゲイの人たちが企画を担当していて、毎晩毎晩、いろいろ変わったショーやバンドをブッキングしていた。あると

BERLIN

9. November 1989

Frei

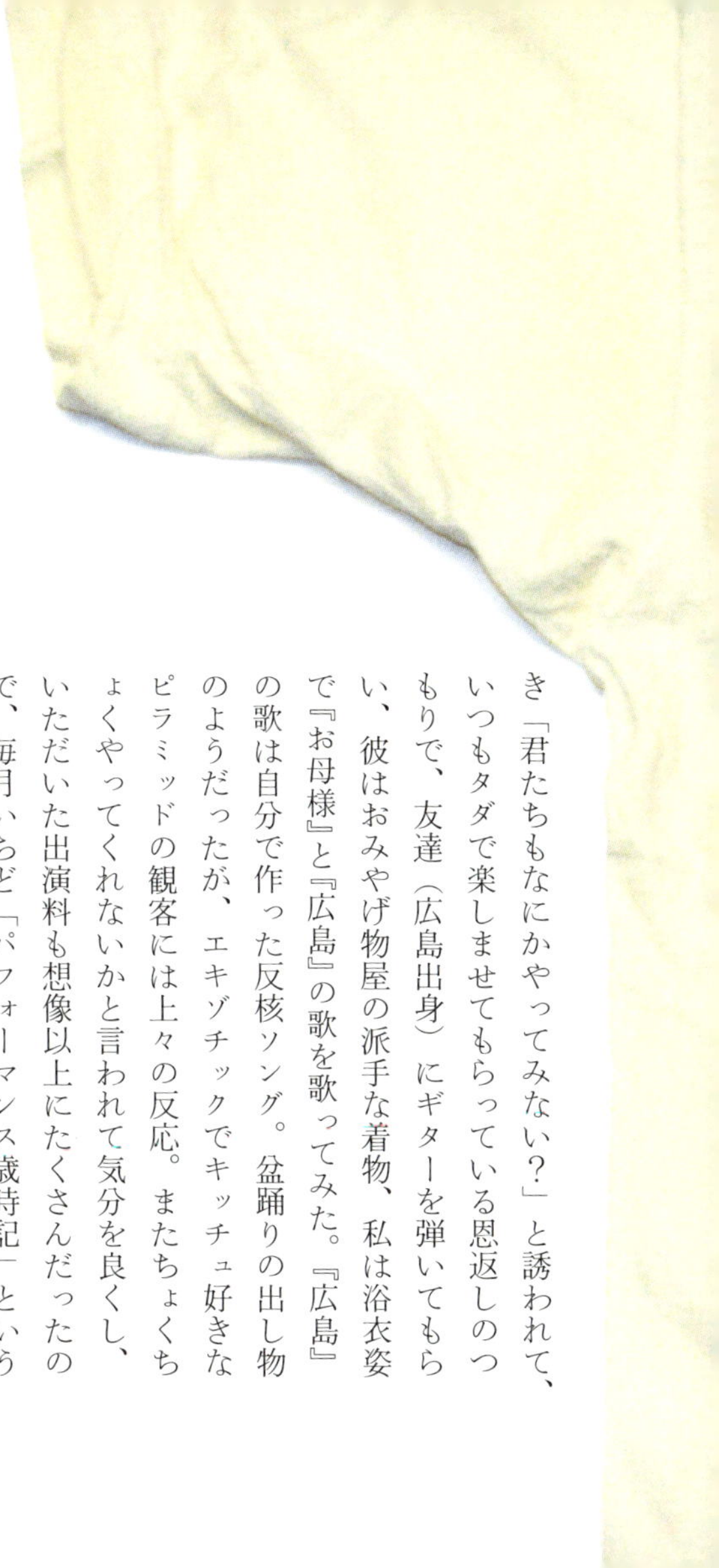

き「君たちもなにかやってみない？」と誘われて、いつもタダで楽しませてもらっている恩返しのつもりで、友達（広島出身）にギターを弾いてもらい、彼はおみやげ物屋の派手な着物、私は浴衣姿で『お母様』と『広島』の歌を歌ってみた。『広島』の歌は自分で作った反核ソング。盆踊りの出し物のようだったが、エキゾチックでキッチュ好きなピラミッドの観客には上々の反応。またちょくちょくやってくれないかと言われて気分を良くし、いただいた出演料も想像以上にたくさんだったので、毎月いちど「パフォーマンス歳時記」というイベントをすることに。

当時はＦＭラジオが音楽の情報源だった（いまもだが）。さまざまな音楽専門局があって、チューニングダイアルを少しずつ回しながら、耳に引っかかる音を楽しんでいた。夫と知り合うきっかけをくれたのもラジオだった。

あるとき、オタクな音ばかりをかけるＷＫＣＲという局から流れてきた曲がすごくいい感じだったので、ＤＪの「次の土曜日にダンステリアでラ

イブあり」という情報を聞き取り、さっそく出撃。そこの楽屋で紹介されたのがバンドのリーダーで、だいぶ先に夫となるSだった。

彼とはそれから当時流行っていたクラブ・ホッピングを楽しむようになって、あるとき『ダンステリア』というクラブの「ベルリン・ナイト」に出演すると聞き、足を運んでみると、なぜか彼のバンドは現れず。翌日、友達から「昨晩、彼は道で刺されて、いま救急病院に入院してる」と聞いて、びっくりして病院に駆けつけた。ダンステリアに行く前にグロッサリーに買い物に寄ったとき、外で待っていたガールフレンドがプエルトリカンにちょっかいを出され、彼女を助けるために出てきたら目の上にパンチを受け、目の前が真っ赤になってなにも見えなくなったところで、肺のあたりをナイフでグサリと刺されたという。

この事件でニューヨークが嫌になって、しばらくベルリンに行くことに。当時はノイバウテンなど、ベルリンの音楽シーンがクローズアップされて、ちょっとしたブームになっていた。その滞在を通じてヨーロッパの空気にずいぶん染まることになる。

ベルリンの壁が崩壊したのは1989年だったが、当時の私はヨーロッパの、とあるロックバンドに入れ込んでいて、彼らがその年の秋に東欧ツアーするというので、それについて行きながら、まだあまり知られていない東欧を旅してみたいと思いつく。バンドと一緒に動けば、その街の若者たちの集まる場所にも行きやすいだろうし。それで「いま東欧が熱い！」みたいな企画書を作って、知り合いの編集者などに打診。ある出版社から「旅の雑誌になにか写真が使えればいいから」と、渡航費用を援助してもらえることに。当時はまだバブルで、そんなことも可能な時代だった。

運転担当のオーストリア人、写真担当の日本人、それに私の女3人ロック道中は、まずウイーンからスタート。そこからブダペスト、ユーゴスラヴィアのリビュアナ、ベオグラードと、ロックとワインの日々を続けたのちに、ベルリンに到着。当時は東西の壁が崩壊して間もないタイミングだったので、街はまだ興奮状態。だれもがすごくハッピーで、出会ったひとたち、だれにでもキスするような感じだった。

もちろん壁も見に行って、金槌で力いっぱい叩いてみたものの、さすがになかなか砕けず、やっと取れた小さなカケラをいまでも大切に持っている。そのときに買ったのが、このTシャツ。

女3人東欧道中はトータルで2～3週間の旅だったと思うが、ロックにいちばん夢中になっていたあの時代の情熱と、あの街の空気感が染みついているようで、色褪せてよれよれになってしまったいまでも、ありきたりの土産物のようなこのTシャツを捨てられないでいる。

ボアダムス

◎40歳男性
◎フリーライター／編集者
◎奈良県出身

高校で男子校に進学するが、運動部が強い進学校のノリについていけず、寺山修司と出会ったことによりアングラの世界にハマる。女子と一言も話さない3年間に不安を覚え、あえて1浪。予備校近くにあるレコード屋に通うようになるうち、大阪アンダーグラウンド・シーンにどっぷりと。大学卒業後、東京のレコード会社に就職するも、東京に馴染めず1年で退職。その後、インディーズのレコード会社、編プロを経てフリーに。いまは猫2匹と都内に暮らし、カレーの食べ歩きが唯一の楽しみ。

大阪アンダーグラウンドのレコードを聴き漁っていた予備校時代、その代表格といえるボアダムスをとにかく聴かねばと、どちらかというとライブよりも音源中心で聴きはじめる。引きこもり期が長かったため、ライブに行くような友達もおらず、家で悶々と聴き続ける日々だった。

90年代後半に上京してからはライブも行くようになるが、Tシャツは2000年ごろ、たまたまフリマで音楽っぽくないひとが500円で売っていて、これはと思い購入。生地も厚く、ボアがその後、ライブ会場で売るようになったTシャツよりも質がいい。黒いTシャツは猫の毛がつくのと、音楽Tシャツっぽすぎるのでほとんど着ないが、これだけは捨てられない唯一の黒ティー。いまもときどき、思い出したように着る。むかしのボアの、サイケデリックになる前のジャンク・ハードコア時代の雰囲気が残っているのも好きなところ。

ばあちゃん

◎33歳女性
◎デザイナー
◎福島県出身

小学2年生までを福島で過ごし、埼玉県に夜逃げに近いかたちで引っ越し、中学1年生で再び福島に戻る。

学校というものにまともに行ったのは小学校まで。中学は不登校、高校は寝ていた記憶しかない。校門まで行くが、180度回転して友達の家へ。あとは友達のうちで寝ているか、酒を飲んでいるか、たばこを吸っていた。髪の色はピンク、緑、白、青、いろいろ試した。髪が緑色で、机に寝伏せってばかりいるので、先生に「芝生」と呼ばれていた。

いま考えてみれば、おかしな家だった。小学校から帰ったある日、わたしをカラスが出迎えた。じいちゃんが羽の折れたカラスを拾ってきて、飼い出すという。頭のいいカラスだった。「カーコ」と名付けた。人を見分け、身分下のわたしの学帽にだけその身分を知らしめるがのごとく糞をした。

わたしたち孫からしたら優しいじいちゃんは、町でも変わり者呼ばわりされるほど、我が道をゆく人だった。金と女が好きで、父と母が稼いだ金はまず、じいちゃんにすべて上納。そこから1か月の生活費としては非現実的な金額を母に渡し、それでやりくりしろという。7人暮らし、1か月1万円くらいだったと思う。わたしたちはテレビを観ることも許されず、押し入れに隠したアウトドア用のテレビを隠れて観ていた。見つかったら殺される、そのくらいの覚悟で観ていた。

19歳で結婚した母は世の中というものを知らず、なんとかそれでやりくりしようとしては、発狂し、実家に帰っていた。母の実家がある郡山まで、よく母を迎えに行っていた。泣きながら謝る。家に戻る。じいちゃん、ばあちゃんにコテンパンにやられ、また実家に帰る。何度も何度もそれを繰り返していた。鮮明な記憶のなかに、母がじいちゃんに土下座をしている光景がある。

ある日、すべてに耐えかねた父は半狂乱で、じいちゃんの命を狙って風呂場を襲撃した。失敗に終わった。急いで荷物をまとめ、父母兄弟3人で小さな車に乗った。わたしはその車のなかで、夜に大好きな車で出かける特別さにワクワクしていた。そして健康ランドでの仮住まいが始まった。1か月、父の就職が決まるまで続いた。それから逃げるように埼玉に引っ越したが、金をすべてじいちゃんに渡していた父は金がなかったので、わたしたちはぴったり1か月おにぎりを食べ続けた。

埼玉でのわたしの学校生活は順風満帆。成績は思いどおりに伸び、学級委員長を務めるほど。クラスにひとりはいる、明るいしっかり者キャラ。学校ではすべてがうまくいっていた。しかし、そのかたわらで両親の生活は破綻していた。当選確実と言われた副生徒会長の選挙日、友達になにも告げずに埼玉を離れた。

福島での生活は、キラキラしていた埼玉から一変。よそ者を徹底的に排除しようとする町での生活は地獄だった。標準語というだけで気取っていると呼び出され、ありもしない噂を流された。バレー部のコートにひとり立たされ、先輩全員がわたしに向けてサーブを打つ。手が血だらけになり、ボールに触るなと怒られる。昭和のドラマかよ。それから不登校になり、妄想の世界へ。毎日ブツブツ、ひとりでなにか呟いていた。

不登校で学習が遅れ、高校受験にも失敗し、クズのような生活へ。荒れに荒れた。突然再婚をした父。再婚相手に連れ子が2人いた。部屋数が足りないと、プレハブの離れを用意された。わたしは学校にも行かず、毎晩のように宴会。酒瓶と制服を着た女が横たわる始末。ついには家から追い出され、付き合っていた男の子の家に預けられる。16歳で親公認の半同棲生活がはじまった。

ばあちゃんは、じいちゃんとの狂った生活にもノーストレスと言い切った強者だ。クズに成り果て、親にも見放されたわたしを信じ続けてくれた唯一の人だ。不登校になったわたしの妄想がひどくなり、「高校には行かずムツゴロウ王国に就職したい」と言い出したときも、真面目に取り合って電話をかけてくれた。「高校を出されてから、またお電話くださいって。それまでの辛抱だから、がんばんないと」。「どこいくんだい？」と聞かれて「学校」と嘘をついた日も、酒臭く帰ってきたわたしになにも言わずに、電気毛布を用意してくれていた。「ばあちゃん。本当にごめん」。何度も心のなかで謝った。でも軌道修正できなかった。

東京に出て7年目、じいちゃんが病に倒れた。極端に人思いのばあちゃんは、椅子に座り続け、横になることなく不眠不休の看病を続けた。100kg近くあるマッサージ機を、じいちゃんのためにひとりで運んだという。夫婦ってなんなんだ。鬼のようなじいちゃんに尽くし続けるだけの人生。それだけで終わってほしくない。わたしも会社を辞めて、じいちゃんの最期に立ち会うべく1か月看病した。黒いウンチが出て、じいちゃんは死んだ。

このTシャツは、看病で体力の限界を迎えていたばあちゃんの顔を描いてプリントしたものだ。ばあちゃんのファンになった夫に贈るため、日替わりで7色作ったが、Tシャツ屋のオヤジの無用な気遣いで、絵の下に白地を敷いた、まさかのキャラT仕上げになってしまった。どこにも落としどころのないTシャツになってしまった。

結婚すると報告した日、ばあちゃんと長電話した。恥ずかしそうにばあちゃんは言った。「いいかい、初夜ってのは女がリードするもんだよ。新しい下着つけて寝て、喜ばせてやり」なに⁉ いきなり！「ばあちゃんはじいちゃんの死ぬ間際まで、口でしてあげてたんだよ」は？ なにを？「だから、あれを」マジで？ あの病院で？「そうだよう」おーい！ わたしそんなことしてる顔描いてたの！「うふふふ」。

ばあちゃんの孫で本当によかった。あの絵は一変してエロ顔になり、エロTになったのであった。

ばあちゃんには数え切れない嘘をついた。あの日の裏切りの数々をつぐなうべく、いま仕事をしている。お金持ちになって、ばあちゃんに贅沢させてやりたい。今年で91歳になるばあちゃん。もう時間がない。

シャム猫

◎33歳男性
◎小説家
◎東京都出身

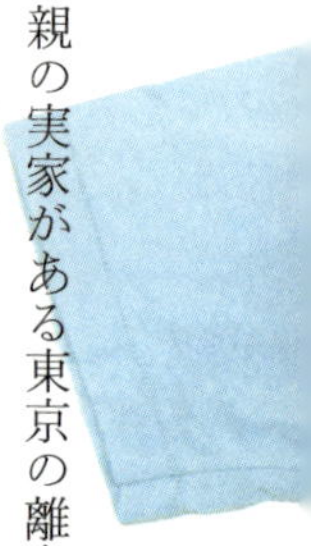

母親の実家がある東京の離島で生まれ、その後埼玉へ転居して西武線沿線で育った。子どもの頃は野球少年。チームにも入っていたが、土日が練習でつぶれるのと体育会系のノリがいやで五年生の時にやめる。

中学でも体育会系を避けて理科部に入部。理科室で遊んだりしゃべったりして、飽きたら帰る。運動部を脱落した連中と不良の吹きだまりのような部で、実験など一回もしなかった。友達は煙草を吸ったり、ギターを弾いたりしていたが、この頃は煙草にもギターにも手を染めなかった。煙草は後におぼえたが、時間を持て余していたこの時期に楽器を覚えなかったことはちょっと後悔している。一度ギターを借りて練習したものの、それを見た父親が「うちの家系には音楽の才がないんだからよせよせ」と言った。今思えばそんなこと気にする必要はまったくないのに、そう言われるとギターの練習などしているのがこっ恥ずかしくなってやめてしまったのだった。これはひとりっ子独特の繊細さだと思うのだが、はたして共感いただけるかどうか。ちなみに中学の頃よく聴いていたのはブルーハーツと矢野顕子。

70年代に学生運動で制服や校則がなくなった、自由な校風が特徴の公立高校へ進む。ちょうど国旗国歌問題が世間を賑わせていた時で、入学式当日は報道陣と街宣車が学校を取り囲み大変な盛り上がりだった。自主自律がモットーなので、入学した途端誰も勉強しなくなり、自由と引き換えにみんなどんどん馬鹿になっていく。高校の頃はいわゆる「メロコア」なんかの隆盛と日本語ヒップホップの出はじめで、そういうのも聴いたけれども惹かれたのはいわゆる「オルタナ系バンド」が多かった（今となってはメロコアもオルタナも自分で言ってて定義がよくわからない）。なかでも高二の時にテレビ埼玉の音楽番組で知ったナンバーガールに強く惹かれた。アングラで猥雑な感じが独特で中毒性があった。椎名林檎がブレイクしたのも高校の時で、やっぱりあのいかがわしい感じが格好よかった。心酔して影響を受けている女子が多かった。

自由にかまけて遊んでばかりいた同級生たちが、高校三年の夏頃から揃って受験勉強に取り組みはじめるのを見て、自分は自由の精神を持ち続けることを決意。進学せずにフリーターになることを周囲に宣言する。ものを書く仕事に興味があったので高校を出たあとは日記とかエッセイみたいなもの、あとマンガとかを書いて印刷し、フリーペーパーにしたりした。赤面ものの日記風小説冊子などもつくったが、これは後年祖父の家に持っていって密かに燃やしたので現存しない。フリーペーパーは下北沢や高円寺、西荻窪あたりの本屋とか古本屋に行って頼むと、結構置いてくれた。ビレバンとか、高円寺文庫センター、中野のタコシェ、西荻の音羽館とか。

当時（2001年）は家庭にネットが普及しはじめた頃で、誰でも気軽にブログに文章や画像を載せられるようになるのはこの何年かあとのこと。個人とか趣味グループとかが発行する素人のフリーペーパーというのが結構あって、詩や小説、写真やイラスト、音楽系のレコードやライブレビューや、今で言うZINE的なもの（当時その呼び名は定着してなかった）など。あまり意欲的なものよりも、同じアパートの住人たちが毎月発行している「月報」（各部屋の住人の毎月の近況とかが書かれている）とか、惰性でやってるようなものの方がおもしろいことが多く、配布するついでにもらってきては楽しく読んでいた。ニューヨークのテロがあった年なので、ピース系メッセージ色が強いものもこの時期多かった。今考えると素人にとって紙のメディアがウェブより優位だった最後の頃に、自分はぎりぎり間に合ったのだなと思う。

そうやって埼玉から東京に通っていた頃に、下北か吉祥寺か忘れたけどどこかの古着屋で見つけて買ったのがこのシャム猫のTシャツ。着ると結構目立ち、何それいいですね、と声をかけられたりするので、得意になってよく着ていた。とりあえず変な奴と思われたかった自分が懐かしくそして恥ずかしい。小説家としてデビューするのは、まだ十年ほど先のこと。戻りたいとは思わないけれど、自分のあらゆる基盤となった「何者でもなかった時期」を象徴する一着。

このシャム猫Tシャツをきっかけにリアルな動物プリントもののTシャツを集めはじめたものの、これを超えるものには未だ出会わず。着過ぎてテロテロになってきたのと、少し太ってきつくなってきたので最近はほとんど着ていない。が、今こそ似合うのでは、という気もして、毎年ここ一番という日に着て出かけようとしてみては、結局やめてしまう。

デストロイヤー

◎49歳男性
◎アートディレクター
◎岡山県出身

倉敷市に生まれ、父親の仕事の関係で滋賀県野洲市で幼少期を過ごす。極度の人見知りから最初の1年間は登園拒否となり、小学校でも昼休みはひたすらノートに絵を描いているような子どもだった。中学は祖父母宅に下宿しながら、福山の中高一貫の国立校へ進学した。

大学は東京に行きたい一心で「デザイナーになる」と宣言、東京造形大学に入学する。現在はフリーランスのアートディレクターと称し、デザインやイラスト、コピーや写真など、なんでも屋的な業務で活動中。フリーランス歴3年という、駆け出しの49歳である。

デストロイヤーは子どものころ、テレビでよく見かけていて、好きだった。といっても特にプロレスが好きなわけではなく、「デストロイヤー」というアイコンがなんとなく好きだったのだと思う。赤白のマスクデザインと、マスクからはみ出た鼻と口がおもしろくて。

それから月日が経ち、その存在をすっかり忘れたある日、麻布十番のお祭りで何十年かぶりに本人を見たときに思ったのは、「え、デストロイヤーってまだ生きてたの？」という失礼ながら率直な気持ちで、その次に「Tシャツ欲しい！　握手してほしい！　写真撮りたい！」というミーハーな気持ちが湧き上がった。

白地に赤インクというデザインのシンプルさ、というかストイックさはもとより、グッときたのはカタカナ文字の「ザ・デストロイヤー」だった。似顔絵に沿ってアールを描きつつも、フォント自体は直立しているという、まさに日本語を扱いなれていない外国人にありがちな感覚が現れていて、たまらない。

次の年にお祭りを再訪したが、同じデザインのTシャツはすでになく、本人もいなくなっていた（アメリカでご健在のようです）。

なので、いつのまにかまたデストロイヤーのことは忘れかけつつも、このTシャツは捨てられず、パジャマ（夏用）としていまも衣装ケースに居続けている。

The Destroyer
ザ・デストロイヤー

トニーそば

◎46歳男性
◎アパレル会社勤務

ちょうどバブルの終焉と共に大阪芸大を卒業、就職活動をいっさいしていなかったため、そのまま無職に。その後、大阪の有名なソウルバーで働き始める。そこから服飾販売、運動靴の企画販売を経て、現在はジーンズアパレル会社で企画を担当。

Tシャツは石垣島の有名店「トニーそば」のプリントTEE。しかし石垣島にはいちども行ったことがなく、当然ながらトニーさんのソーキそばを食べたこともない。後輩がお土産で買ってきてくれたものだが（1000円だったそう）、実は今までいちども着たことがない……。

値段が値段だけに、生地の品質、プリントのクオリティなど、すべてにおいて手作り感満載のプリントTEEではあるが、なぜか捨てることのできないまま、いまに至っている。いつか袖を通すことがあるのだろうか。そしてトニーさんのソーキそばは、いまでも一杯300円なのだろうか。

司会者

◎37歳男性
◎通販会社勤務
◎山形県出身

田んぼに囲まれた山形の町に生まれた。喘息、アトピー、アレルギー持ちとなかなか病弱な子どもだったようだが、いつの間にか全部治った。

幼稚園では非常にもてた。卒園式の日、保育士の先生からひとりだけこっそりと超合金のおもちゃをプレゼントされた。こんな異常な状態は今だけだろうな、と幼心に予感していた。見事に当たった。

母はややエキセントリックで、幼少のころは茶の間でくつろいでいると「柔道しよう」と声をかけられ、笑いながら畳に何度も転がされた。日本史上最悪のテロ事件が宗教団体によって引き起こされたとわかった朝は、まったくお門違いの宗教法人に怒りをぶつける電話をしていた。通っていた塾まで車で送ってもらう夕方、信号待ちの時にヤクザの車に軽く追突されると、無視して走り去るその車を母は猛スピードでチェイスし停車させると、相手が「警察呼びましょう」と言うまで激しく抗議していた。

一方母親には迷惑な熱心さもあり、幼少のころは週2回の水泳、ピアノ、週2〜3回のヴァイオリンなど、ずいぶん習い事をさせられた。田舎の中流家庭なのに、母親は息子をお坊ちゃんのように育てる幻想を持っていたようで、床屋では坊ちゃん刈りがデフォルトだった。ひとりで床屋に通うようになってから「前髪はそろえないでください」と理髪師に頼んでも、仕上がりは必ず坊ちゃん刈りになった。母が圧力をかけていたんだと思う。ちなみに、坊ちゃん刈りに白シャツ・サスペンダー半ズボン・白タイツ姿で「ピノキオ」を独奏したヴァイオリンのコンサートの写真は、記憶から消したい写真人生1枚目。ヴァイオリン教室の先生は地方交響楽団の指揮者で、自分になかなか期待してくれていたようだが、期待されるほど「やめたい」としか思わなかった。

4年生のとき、そこそこ足が速く左利きだったことから学校のサッカークラブに誘われた。特に興味があったわけではないが、これはヴァイオリンをやめる好機だと思い、親を説得して入会した。しばらくの間期待をかけられたがあまり上達せず、その後サッカー経験の長い左利きが転校してくると一気に序列が下がった。

中学生のころは、やや荒れる。気に入らないことがあると同級生を殴った。ある日親友から「お前友だちいなくなるぞ」とたしなめられ、それは大変だと思い殴るのをやめた。

中学のときにボクシングに興味を持ち、サンドバッグなどを自作して日々明日のために鍛錬を重ねた。友人には「将来はチャンピオン」なんてうそぶいていたが、本音では「東北圏内の国立大学に進み、地元で公務員の職にでも就けたらいいな」と思っていた。ボクシングに関しては結構なマニアになり、17階級あるボクシングの世界ランキング20位までの選手はほぼ暗記していた。まだネットも普及していない時代で、どこかにボクシングの記事や話題がないか常に目を光らせていたので、「ボクシング」の文字を瞬時に見つけられるのが特技になった。たまに「ボウリング」をボクシングと空目してしまった時の悔しさとがっかり感は忘れられない。ちなみに中学生では坊ちゃん刈りを卒業。自分でオーダーし、前髪だけ長いスポーツ刈りにしていた。この髪型も記憶から消したい。

そこそこの進学高校に入学。正式な部ではないが「ボクシング愛好会」があるのを知り、迷うことなく入会する。練習場は校内にある廃墟寸前の旧食堂で、雨の日は水を含んで天井のパネルが落ちてきた。サンドバッグは使われなくなった体育館マットを丸めたもの。グローブはコーチが以前の勤務校からもらってきたお古で、型崩れしてナックル部分のわたが極端に薄くなったものだった。環境がいいとは言えなかったが、中学のころから明日のために打ち込んできた成果を発揮する機会を得たのだから楽しかった。実際にボクシングを始めてみると、これが意外とうまくできた。少なくとも小学生のときのサッカーよりは数段うまくできた。高校2年のとき、当時同じ階級で最強と呼ばれていた他校の上級生から「俺の後にこの階級を背負って立つのはお前だ」と期待されたが、その期待に応えるほどは強くならなかった。

高校でボクシングを始めると、母親からの期待が消え、勉強しなかろうが遊んで夜遅くに帰ろうが何も言われなくなった。これは気が楽だとのびのびと高校生活を謳歌した。大学受験では、文系の教科は得意だったのでどこかに引っかかるだろうと思ったがすべて落ち、浪人してもあまり成績は伸びず、翌年岩手の国立大学に進んだ。

大学入学と共に住み始めた盛岡の街は非常に肌に合い、意外と真面目に勉強したり、時々ボクシングしたり、留学生の世話をしたり、日本縦断したり、長く付き合った恋人に「キルギスタン人が好きになった」と告げられ別れたり、大学院に進学したり、中国人と学費値上げ反対のハンストをしたり、よりを戻した恋人に「フランス人が好きになった」と告げられ再び別れたりと、楽しく暮らしているうちに26歳になっていた。そろそろ就職しようかなと思い、そういえば、いとうせいこうとみうらじゅんが企画した天狗のドアノブを売っていたおかしな通販会社があったなと、冷やかし半分で受けたら採用の通知をもらった。勤務地は神戸だった。東北の企業からも内定をもらったが、知らない街で暮らすほうがおもしろそうだなと思い神戸に行くことにした。

東北の知人に神戸で働くことにしたことを告げると、中には「東北人が関西なんかに行ったら獲って食われるぞ!」なんておそろしいことを言う人もいたが、幸いおおむね優しくしてもらい、神戸の街も非常に肌に合っている。住み始めて11年目になるが、意外と真面目に働いたり、時々ボクシングしたり、結婚したり、たまに演劇の脚本を書いたりしてなかなか楽しく暮らせている。

Tシャツは、神戸で知りあった友人に「なんかできそうだから」と頼まれて、埼玉県川越市にある地ビール会社のイベント司会をしたときに衣装として購入したもの。その後イベントはビール会社の知名度が上がるにつれどんどん大規模になっているが、それなりに期待に応えられているようで、ありがたいことに8年続けてオファーをもらっている。いまは、友人につくってもらった別の衣装でステージに立つが、人生で数少ない、誰かの期待に応えられたシンボルなので、このTシャツは捨てられない。

マクドナルド

◎33歳女性
◎エッセイスト・タレント
◎大阪府出身

東大阪で生まれ、7歳で兵庫へ。もともとマンガは好きだったが、小学校6年生のときに出会った『幽☆遊☆白書』をきっかけにドハマり、漫画家を夢見るようになる。その後、14歳で宮城へ引っ越し。中高は女子校でさえない感じ。サブカル好きだったが、オタクと思われるのが嫌で、自分が「萌え」の感情を持つマンガはこっそり読んでいた。同時に高2からギャルに憧れ、ラブボートやアルバローザを着るように。

そのまま宮城県の大学に進学。20歳ぐらいになると今度は60年代カルチャーに目覚め、当時の古着が着こなせるように激痩せしたり。卒業後、県内の出版社に就職するも、母親の体調が悪くなり、介護のために離職。東京に住む姉の家に弟と転がり込み、姉と弟と3人で交互に帰省しながら介護をする生活が始まる。そのころになって子ども時代の夢を思い出し、もういちど漫画家を目指すようになった。そして28歳から始めた「負け美女」をテーマにしたブログが話題になり、書籍化。順調に雑誌連載も増え、テレビのコメンテーターとしても活躍する日々である。

マクドナルドの長袖Tシャツは24歳のころ、原宿にあったラブボートの系列店「ラブドラッグストア」で購入。子供のころから、食べるためではなくモチーフとしての「ハンバーガー」や「ポテト」が大好きだったため（子ども時代、一番の宝物はハンバーガーの形をしたままごとセットだった）、迷わず購入。袖が黒いラグランで腕が細くみえるから、いまでもオレンジのタイトスカートに合わせたりして着ている。ただ背中に書いてあるメッセージ（Makes You Happy）はそうとう恥ずかしいし、着心地はマジで悪い。腕がパツパツで血流が止まりそうで、外で着ていると脱ぎたくなる。なのに、イラストが好きすぎて、いまだに捨てられない。

目黒寄生虫館

◎28歳女性
◎ミュージシャン／スナックホステス
◎兵庫県出身

子供のころから呑んべえの母親に、スナックやホテルのバーに連れ回されていた。小学校4年生の時、阪神大震災をきっかけに東京に引っ越す。地味で内向的な子どもだったが、その半面、大好きだったシノラーの格好をして通学、関西弁も悪目立ちして、仲間はずれにされる。それを過干渉な母親が心配して中学受験まで学校に行かず、塾や家庭教師で勉強。そんな小学生時代の救いはラジオ！、特に西川貴教のオールナイトニッポンは、テープに録音して何度も聞いていた。

とにかく中学さえ行けば自由になる！と思い、無事に大学まで一貫の女子校に入学。西川さんのラジオの影響でギターに興味を持ち、フォークソングクラブに入部する。中学は部活一筋で、中3のときに初めてオリジナルバンド「the malicious cats（悪戯な子猫たち）」を結成。新しい音楽を掘ることも好きで、西川さんが好きだと言っていた古いバンド、たとえばＫＩＳＳなんかも聴いたりするようになった。

高校でも軽音部に入り、朝・昼・放課後と練習に励む。学生なら無料で借りられる児童館のスタジオにも通い、のちにそこで出会った男の子と初めて付き合うことになった。高2のころ、バンドメンバーが受験などを理由に全員脱退してしまい、そのまま大学に進むことを決めていた自分は、時間もあるし、なによりバンドを続けたくて、他校の男友達と「かたすかし」という、ドラムとギター2人組のハードコアバンドを結成する。彼氏の友達の影響で、そのころからスターリンやジャパコアも聴くようになっていた。

同じころ、何かで見た『東京ラブストーリー』をきっかけに、昔のトレンディドラマがすごく好きになって、時間もあったので『金妻』をはじめ、あらゆるドラマを見まくる。そこで自分は昭和歌謡とか、トレンディドラマの世界がすごく好きなんだと自覚するようになった。

大学でも音楽サークルに所属。ライブも増え、ライブハウスのノルマをこなすために、手っ取り早く稼げるバドガールとコンパニオンのバイトを始める。バイトで稼いだお金をすべてライブ活動につぎ込んでいたが、大学時代は遊びにいくのもライブハウスだし全然チャラチャラ遊んでない！　もっといろいろやっとけばよかった……といまになって後悔。

卒業後は、とある会社の事務職にするが、仕事は本当に向いてなくて、しんどい毎日だった。結局3年弱働いたあと、ついに我慢できなくなって退職し、歌謡曲を流すバーでアルバイトを始める。ちなみに「かたすかし」は就職直後に解散、その1年ほどあとに「例のK」というバンドに参加していた。

昔から知り合いの、いつもライブハウスで会う女の子がいた。おたがい顔が派手だし、バブルの時代のノリや文化が好きで気も合って、しかも同じ時期に会社を辞めたので、じゃあ孫に見せられるようなことを一緒にしよう!と、「ベッド・イン」というユニットを結成する。最初はどうしてもやりたくて、SHOW-YAのコピーの企画ライブをやったら、すごく盛り上がって、その勢いで写真集を作ることに。1年かけて衣装を準備し、ギラギラガールズやC.C.ガールズ、T-BACKSの写真集を買い集め、二人でポーズやデザインを研究。ロゴやキャッチコピーがてんこ盛りの、生々しい写真集にしたかった。

いつの間にかカラオケスナックで働くようになり、しばらくはイベント的にライブ出演していたが、ベッド・インの評判はどんどん上がって、ついにファーストシングルを作ることに。制作会社が日本で1カ所しかなくてかなり高かったけど、思い切って短冊形に。購入特典として限定100本のVHSも作ったが、これも高かったためダビングだけして、パッケージは自分たちで両面テープで貼った。

そこから2年弱、そのシングル2曲とカバー曲(『六本木心中』『限界LOVERS』等)だけで、地方遠征までこなしていた。そ

のころには「例のK」も解散し、ベッド・イン一本に打ち込むようになっていた。２０１５年にはセカンドシングルを発表。そして、ついにキングレコードよりメジャーデビューが決定した。いまはもうすぐ開催のワンマンライブの練習と、スナックでの水割りづくりに勤しむ日々である。

10年ほど前、大学のときに入っていた音楽サークルに、付き合ってはいないのに毎週デートしてる男の子がいた。彼と行った目黒の寄生虫館で、単純に可愛いなと思って買ったのがこのTシャツ。けっこうお気に入りで、大学のサークルでも、よく着てライブしていた。

それからずっと、なぜか捨てられないし、久し振りに見つけたらやっぱり着たくなって、このあいだライブの練習に着ていったら、古い友人に「それ本当に昔から着てるよね」と言われた。

ちなみに、その彼とはクリーンな関係だった。

SUMICHAN OKAERI!!!

◎32歳男性
◎会社員
◎兵庫県出身

3人兄弟の長男で、妹がふたり。初めて住んだ場所は山口組本部のすぐ近くで、組の抗争による銃撃戦もあったらしい。

小学生から空手を始め、ものすごくチビなくせにケンカは強いと一目置かれる存在に。ただ、本当にチビなので、親がさすがに心配して検査入院したところ、「筋肉が骨を締め付け成長を妨げている」との診断。検査結果を聞いたときの、全員唖然とした沈黙をいまでも思い出す。

ほぼ槇原敬之と尾崎豊とジョージ・マイケル（Wham!）しか聴かなかった中学時代だったが、入学時137cmだった身長は、無事に162cmまで伸びた。Wham!が好きすぎて、自分で歌詞をノートに和訳し続けたせいか、県立高校の英語コースに進学。そそのかされて重量挙げ部に入部するが、毎度、試合時の減量がキツく、検量直前までシゲキックスで唾液を吐き続け、唾だけでギリギリで300g落としたこともあった。

競技引退後、クラスメートが貸してくれた映画『男と女』をきっかけにフランスに

SUMICHAN
OKAERI!!!

かぶれ始め、1年の浪人を経て大学の仏文科に入学。大学では自主映画製作上映サークルに入部。映研とは違う、オシャレでサブカルな雰囲気に惹かれた。が、実際には獰猛なブルドッグの特大ワッペンが背中についたブルゾンをいつも着ていながら、まったく不良要素のないやつのほうが、ひととしても、撮る作品としてもヤバいことに気づき始める。

Tシャツはフランス留学から帰ってくる映画仲間「すみちゃん」を、ほかの仲間と空港まで迎えに行くことになり、ひとり張り切って、ユニクロでグレーの無地Tを購入し作ったもの。というか、おばあちゃんに「SUMICHAN OKAERI!!!」と刺繍をしてもらったもの。

これを着て、関空の到着ゲートですみちゃんを出迎えたが、彼の反応は覚えていない。当初これを、すみちゃんにその場であげるつもりだったのだが、惜しくなってあげられなかった。おばあちゃんの一針一針を、安売りしたくなかったのだと思う。

すみちゃんお出迎えの「儀式」は終わったが、気に入ってそれからも日々、着続けた。すみちゃんと日々、会いながらも着続けた。

神戸から東京に出てきて8年目。大正11年11月11日生まれの祖母も93歳になり、帰省するたびに、俺の年齢を10分に1回聞いてくるようになった。でも、昔の山口組の抗争の話だけは鮮明に覚えていて、詳しく話してくれる。こんど、これを着て帰省したら、山口組みたいに思い出してくれるだろうか。

骸骨アトム

◎33歳女性
◎不動産証券会社勤務
◎埼玉県出身

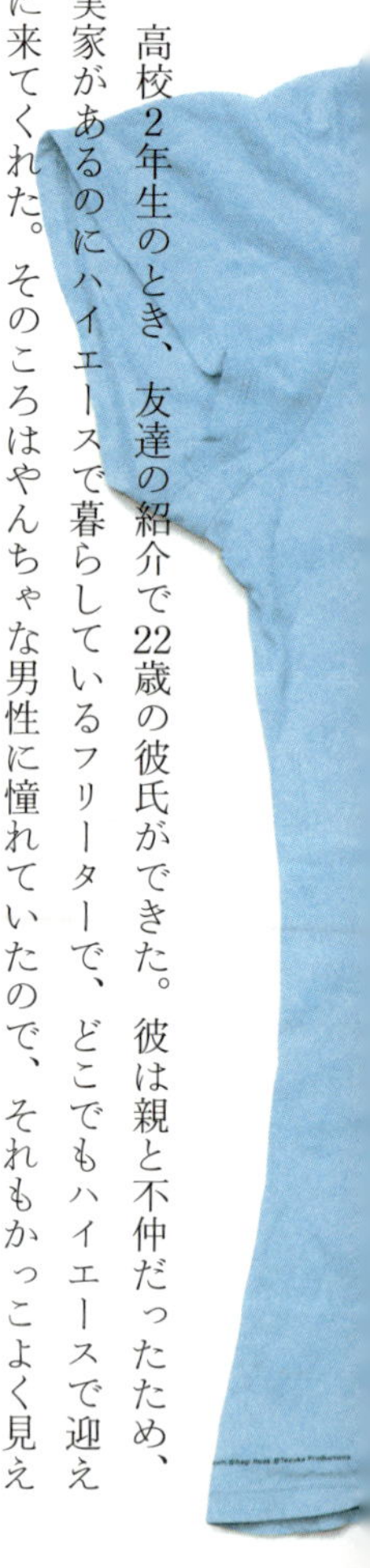

高校2年生のとき、友達の紹介で22歳の彼氏ができた。彼は親と不仲だったため、実家があるのにハイエースで暮らしているフリーターで、どこでもハイエースで迎えに来てくれた。そのころはやんちゃな男性に憧れていたので、それもかっこよく見えた。ただ自分は家が厳しく門限が21時だったので、なかなかデートの時間も取れないし、そもそも連絡が取りにくかった。

というのも中学時代はポケベル全盛期で、適当な番号を打ってベル友を作る遊びが流行っていた。自分もベル友にハマってちょこちょこ男の子と遊ぶようになったら、それが親にバレてポケベルは回収。信用できないということで、高校生になってもＰＨＳを持たせてもらえなかった。連絡は実家の家電にかけるしか方法がなく、どんどん疎遠になって半年ぐらいで別れることに。それが初恋だったのかもしれない。

そのころから早くひとり暮らしをしたくて、少しでも早く働けるように女子短大に進む。でも短大卒業後に就職した銀行は、実家から通わなければいけないというルールがあり、結局就職後も実家から出られず……。

その年の大晦日、短大時代のバイト先の友人に誘われて、恵比寿ＭＩＬＫのカウントダウンパーティーに行くことに。そこでナンパしてきたグループと仲良くなって、趣味でＤＪをやってる4歳上の男性と出会い、ライブ姿にドキドキして付き合うようになる。

銀行も4年目になり、もう辞めたくてしょうがなくて25歳で退職。彼氏といる時間も増やしたいし、原宿の株関係の会社に就職も決まったので、富ヶ谷で念願の一人暮らしを始める。当時は手取り20万で、家賃10万。ほとんど同棲状態だった彼は、毎月光熱費1万円を払ってくれた……。

彼は映像の仕事を契約社員でやっていて、20平米の小さい部屋に彼の仕事道具であるパソコン機器が大量に運び込まれ、かわいい部屋にしたいと思っていた憧れはまったくかなわなかった。束縛の強い人だったから、たまに彼氏が出るDJイベントに行くぐらいで、ほとんどふたりきりの生活を送っていた。

就職した会社も、実はかなりのブラック企業で、感情の起伏がやたら激しい女性上司に翻弄されて疲弊。自分はメンタルが強いと思っていたが、さすがに耐えられず1年半で離職。ひとつ金融系の会社から内定をもらうが、全国転勤があるということに彼が大反対、「地方に行ったらあなたとの関係は続けられないと思う」とグダグダ言われ、まだ彼氏のことが好きだったので、やむなく内定を辞退。その後、いまの会社に就職した。

今度の就職先はかなりきちんとした企業で、そこで上昇志向や勤勉意欲のある同僚や先輩に出会い、あれ……彼氏……もっとちゃんとしたほうがいいのでは……と、やっと気づく。その後、結婚を視野に入れられるような素敵な彼氏もできて3年間くらい付き合うも、やっぱりうまくいかずにお別れ。これまではすぐにできていた彼氏も、そのあとはまったくできなくなり、彼氏いない歴早4年。その代わりに飲み友達は増加の一途で、それなりに楽しい日々を送っている。

アトムのTシャツは富ヶ谷の貧乏時代に、ユニクロの500円セールで買ったTシャツ。あれから10年近くたつけれど、部屋着にしたり、ジムでのランニング用とか、いまでもわりと着ている。

カーミット・クライン

◎32歳男性
◎オルタナティブ建築家
◎東京都出身

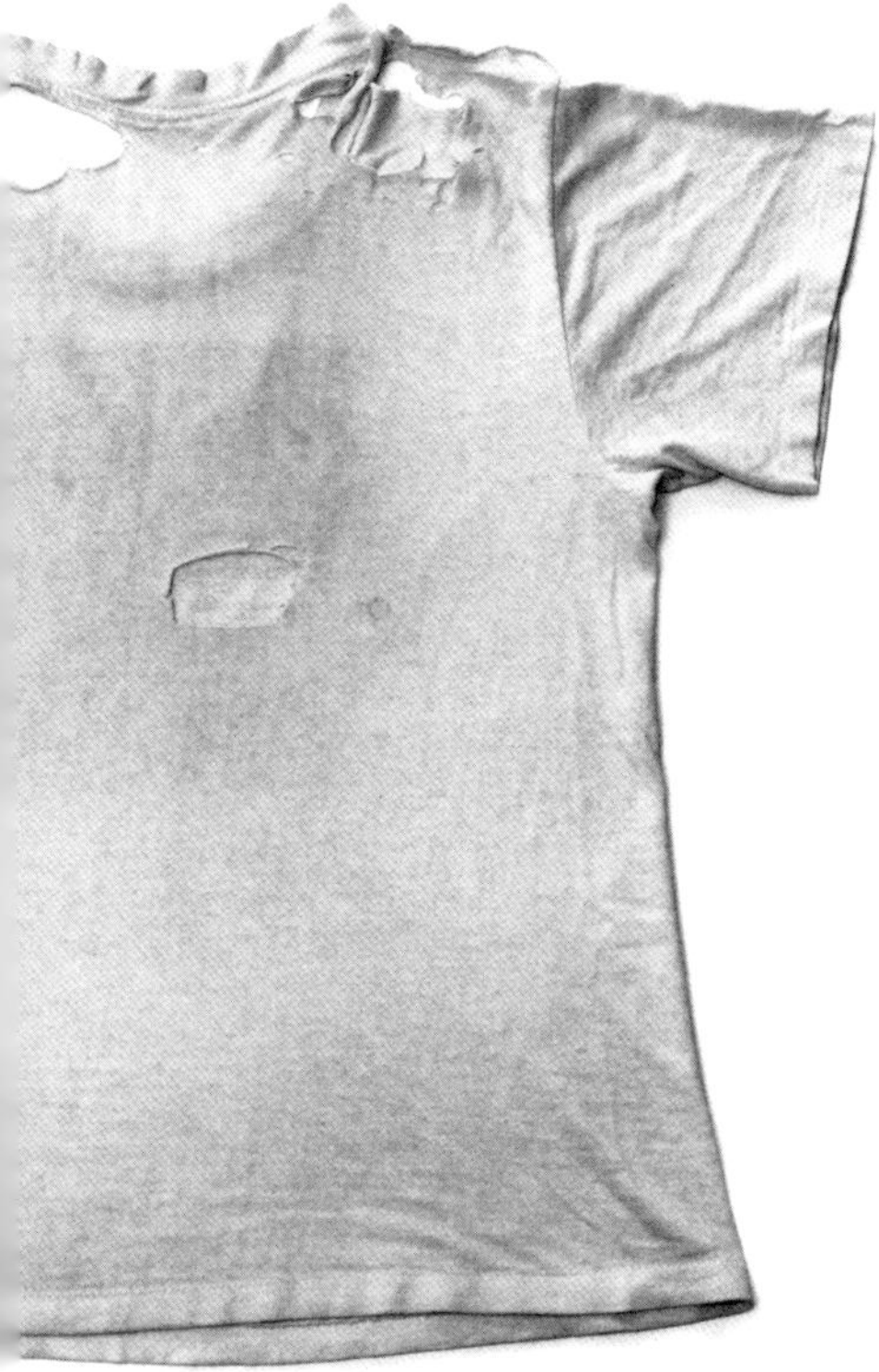

10歳で親元を離れ、箱根で寮生活を行う。3年後に新宿へ舞い戻り、映像と音をコラージュしたノイズ作品の制作を始めた。当初は女性用スクール水着を着用し、肛門にホースを刺し脱糞する等の過激なパフォーマンスに明け暮れていたが、23歳のころにバンドを結成。以後、奇行に走っていた全エネルギーをバンドに注ぐようになる。2009年から自伝的漫画の執筆を開始。現在はアルコール依存症の治療も兼ねて瞑想したり、自己と向かい合う日々を過ごしている。

カーミット・クラインTシャツは、父がアメリカ出張のときに購入したもの。父の着ている姿が羨ましくて、ねだり続けた結果、小3のころにようやく譲り受けることができた。それから四半世紀、32歳になった現在も現役で着ている、父子2代にわたり愛用してきた天然物のダメージTシャツである。

moog

◎39歳女性
◎編集プロダクション勤務
◎東京都出身

東京郊外に生まれて、25歳までそこで暮らす。

大学3年の頃に付き合った人がライターをしていて、編集者になりたいなんて思っていなかったはずなのに、流されるまま出版社でバイトをすることに。サブカル・オタク系ジャンルのムック本編集アシスタントから始まり、心理学専攻だからという理由で任されたビジネス心理学の本がうっかりベストセラーとなり、社員に。某音楽史本（大著）をはじめ、デザインや料理の本など、いろいろな本を作ってきた。しかし持ち前のツメの甘さにより一冊作るごとに誰かしらを怒らせてしまうのはいまも昔も変わらないので、死ぬまでには何とかしたい。

バイトから転がり込んだ最初の会社は、結局10年以上在籍した。その後にアートや翻訳書に強い出版社に転職。しかし広告代理店も兼ねていたこの会社の出版部門が入社後すぐに事実上閉鎖して途方に暮れていたとき、いまのプロダクションに拾われる。それまで書籍編集一本だったのが一転、いまでは頼まれれば雑誌もWEBも広告もやるし、イベントの企画をしたり、展覧会の展示企画に関わったり、そこそこ以上に毎日けっこう忙しい。今の仕事は好きだけれど、年齢的にいつまでこの生活が続けられるんだろう、とときどき不安になる。仕事があるのは有難いことだけども。

このTシャツはドキュメンタリー映画『moog』の日本公開時（2005年）に作られたもの。当時担当していた本に少し関わりがあったので、もしかしたら試写に行ったのかもしれない。企業ロゴTシャツは大好きで、特にmoogのロゴTシャツはずっと欲しかったのだけど、Mかフリーサイズしかなくてあきらめていたものだから、発売されたときはものすごく嬉しかった覚えがある。

これを買ったのは、大学の同級生だった男の子2人との2年間のルームシェアを解消したばかりのころだった。

　別に恋愛のゴタゴタがあったわけではなく、単純に毎晩のように誰かの友達がリビングでビールを飲んでいたり、まだ新宿にあったリキッドルームに真夜中に思いついて歩いて行ったり、徹夜で何本もDVDを観たり、みたいな毎日に疲れた1人が「部屋の更新はやめよう」と言ったのだった。年齢的にはじゅうぶんすぎるほど大人だったけれど、どんなに仲のいい友達がいても距離を置きがちだった10代を送った自分にとって、この2年間は完全なる「狂い咲き青春時代」だった。このころがなければ聴かなかった音楽や観なかった映画が腐るほどあったし、テキーラは多分もう一生分飲んだ。

　決してお洒落ではない自分がクラブに行ったりするとき、このTシャツはツウっぽく見える（気がした）のでとても重宝した。そういう愛着もありつつ、捨てられない理由にはあの、毎日バカみたいに騒いで過ごした珍妙な2年間の、ちょっとした残り香みたいなものが感じられるからというのもあるのかなーと、改めて見て少し思ったりもした。

NW30

ALOHA HAWAII

◎50歳女性
◎編集者
◎岩手県出身

1966年、岩手県北上市生まれ。お育ちのよい母とお育ちのあまりよくない父を持つ。母は華道と茶道の師範で、いろんなことにとても厳しくて、服装も然り。ノースリーブとか膝上丈のスカートとか、「40過ぎたら嫌らしいからやめなさい」と。40歳のときに中学の同窓会にデニムで行こうとしたら、「先生が来るのにそんな乞食みたいな格好で行くなんて」と、ひどく怒られた。(当時流行のボーイフレンドデニムだったのに!)。ウディ・アレンのジューイッシュ・マザー的トラウマか、私はTシャツのワキからブラのハミ肉を誰かが見てるんじゃないかと恐くて、Tシャツは買ったことがないし、ボトムのお尻にパンツの線が出るのがイヤで、パンツはタンガしか持っていない。ときにはノーパンでいることもある(実家に帰ったときに、タンガを干していたら、「そんな糸みたいなパンツはいて」とまた怒られた)。

そんなわけで、私のワードローブにTシャツというものは存在しません。そんな私にとって、彼のTシャツに対する愛情は、なかなか興味深いものでした。

オアフのノースショアのパタゴニアでしか買えない限定品、地方出張に行くと必ず寄る飲み屋のスタッフTシャツ、自分が描いた絵をプリントして、友達のデザイナーに作ってもらったもの……1枚1枚にストーリーと思い出が詰まっていて、それがクローゼットの棚2つ分にぎっしり。泊まりにいくたび、その中の1枚をパジャマ代わりに借りるのだけど、そもそもTシャツを重要視していない私は、なんだか申し訳ない気がして、彼の思い入れがいちばん軽そうなものを選んで着ていたわけです。しかも私は、彼の家で借りたTシャツ（やパンツやソックス）を彼に洗濯させるのが申し訳なくて、泊まるたびに家に持ち帰り、洗濯をして返していました。

私たちカップルはお互いに忙しく、待ち合わせがいつも夜遅いので、彼の家でご飯を作って食べることもしばしば。ご飯は彼が作り、それを食べた後、私は彼にマッサージをしてあげて、彼はぐうぐうそのまま寝てしまう。私もうっかり添い寝してしまう。夜中に目が覚めて、慌てて洗いものをし、家に帰り2時間ほど寝て仕事に行く。体はしんどかったけど、お互いに忙しいし仕方ないよね、と思っていました。

ところがです。ある日突然、彼から「もう会えないかも」とLINEが。驚いて電話したけど出ない。LINEを送っても既読スルー。てかなんでLINE？　高校生か？　と思わなくもなかったけど、仕事と真逆で私生活ではすぐに動揺しちゃう私は、「私の何がいけなかったの？」と、彼に何度も電話をしたり家を訪ねたり。なんと2カ月かかってようやく捕獲、わけを聞き出した。すると、なんと！　私と前の彼女とを1年近くも二股かけており、しかもその元彼女は既婚者。しかも彼の子を妊娠しており、ダンナと別れたから結婚してほしい、と家におしかけてきちゃったのを断れず、住まわせているという。でもって、「こんな格好悪いこと知られるくらいだったら別れた方がまし」と思ってLINEを送ってきたんだって。いま考えれば、なんという自己愛の強さ、なんだけど、そのときは、ただどん底に。忙しい忙しいって、夜中にしか会えなかったけど、それって別な女と会ってたからじゃないの？　出張にも同伴させてたみたいだし。私って「そのくらい」だったわけ?？

普通の人はここで別れますよね。ところがです。私は何を血迷ったのか、「これは私たちふたりに降り掛かった災難よ。ふたりで力を合わせて乗り越えましょう」なんて、いい人ぶって言ってしまったのです。たぶん、状況に負けることがイヤだったんでしょうね。多分、目は血走ってたと思う。

その後、元カノが家に居着いちゃったからと、別な場所に住んでいた彼にいそいそと枕を買ってあげたり、食事を差し入れたり、元カノが家を出ていくまで辛抱強く待ち、関係の修復に努めた私ですが、そう簡単に彼のことを信用できるわけはなく、シビアな友人が「絶対に元には戻れないわよ」とカッサンドラのごとく預言したとおり、何かあるたびに私はねちねちと二股のことを持ち出し、そのたびに血みどろ（精神的に）のケンカになり、私はだんだん精神を病んでいって、とうとう医者でカウンセリングを受け、安定剤などを飲むようになってしまったわけです。

ところが、そんな苦難の道でしたが、2年くらいかけてだんだん状況は落ち着いて、彼も私に心配をかけないように予定を逐一教えてくれるようになり（時々裸の写真をLINEで送ってくるのはちょっとどうかと思ったけど）、ようやく元の安らかな日々が戻ってきたような気がした矢先。今度は彼が仕事でスランプに陥って、私がねちねちと責めていたときのストレスが一気に爆発したのでしょうか、「君は俺のことを全然わかってない」「俺を利用しているだけだ」と責められるようになってしまった。そしてある日いつものようにLINEで（また！）爆発した挙げ句に、「じゃあなバイバイ」と。

普通の人ならここでもうダメだと思うところなのでしょうが、なんと私はまた諦めずに訪ねて行ったわけです。ところが、そのときに邪険に追い返されて、ようやく数年間興奮状態だった私の体から力が抜けたというわけ。「あ、もう終わったんだ」ってね。

もう精も根も尽き果てた、と自分を廃人のように感じていた私でしたが、なんとほどなく新しい男性と出会ってしまった。最初のデートで新大久保のホルモン焼肉に行き、自分の女性遍歴をあらいざらい話した後、文壇バーに行き、歌を歌ってあげると言って詩吟を歌い出すようなおかしなひとで、得意のイタリア語を生かしたいと、世界刺青大会（？）のイタリア語通訳をするようなマニアックなところもあるけど、すごく優しくて嘘をつかない人なので付き合っている。

ところがそんなある日（正確にはバイバイ、のLINEから1年後）、前の彼から「俺のことまだ好き?」とショートメール（！）が入って。びっくりしながらもなんでLINEじゃないんだろ、と思って見たら、LINEはとうの昔に切られてて、ついでにFacebookもブロックされてた。なのになぜ？　よほどの自信家なのか、空気が読めないのか。どうやら彼の体内には、私とまったく違う時間が流れているようで。でもさすがの私も、ホルモン焼肉の彼と別れてまた元カレとやり直そうという気にはなれませんでした。

Tシャツの話からすっかり離れてしまったけど、要するに、返していないTシャツが1枚私の手元に残ったわけ。それを見るたび思うのは、「努力してもダメなことってあるのね」ってこと。私は運動部出身だから、「もっとがんばれるかも」ってスポ根出しちゃうのよね。愚かな者は自分の失敗から学び、賢い者は歴史から学ぶ、って言うじゃない？　世の中には、たとえばルイ＝フェルディナン・セリーヌの小説を読んで「究極の憎悪について」学ぶひとがいるし、ナンニ・モレッティの映画を観て「誠実さについて」学ぶひとがいる。座ったままで人生を学べるなんて、素晴らしい想像力だと思う。でも、私は感情が臓腑のすみずみまで染み渡らないと、定着しないんだなあ。

一連の騒動に呆れ果てたカッサンドラ的女友達には、「あなたたって結局〝事件〟が起きないと満足できないんじゃない？」と言われ、ときどき鑑てもらう韓国人の占いおばさまには「頭はいいのに、今日の経験からしか学べない星回りなのよねえ。日々土方っていうか」と言われるけど、考えてみたらうちのじいちゃんは土方で、その娘が私の母親だから、私がこうなのは仕方ないのかも。

いまの私の切なる願いは、登ってる山が今度こそ間違ってないことと、娘が私の二の轍を踏まないこと。ちなみにこのTシャツは、何も知らない娘がパジャマにして寝ています。

ALOHA
HAWAII

ヴィヴィアン・ウエストウッド

◎43歳女性
◎写真家
◎京都府出身

中学生になるころから、イギリスに憧れを抱いていた。セックス・ピストルズやクラッシュなど、パンク系の音楽とファッションに惹かれたのがきっかけ。高校生のときは、黒いモッズコートの背中に大きなユニオンジャックを安全ピンで貼り付けて学校に通っていた。これは、映画『僕の女に手を出すな』の中で、キョンキョンが着ていた衣装を真似たのだが、貼り付けていたのは実はユニオンジャック柄の巾着バッグを、無理に四角く伸ばしたものだった。

とにかく田舎町を一刻も早く出たくて、西宮の関西学院大学に進学。うっかり写真部に入り、そこで写真の楽しさに目覚める。初めての一眼レフを持って、通天閣あたりのおっちゃんおばちゃんをモノクロで撮ったり、暗室作業にもすっかりハマる。そのうち大阪の『Lマガ（エルマガジン）』や、『an』の学生援護会から仕事をもらうようになった。

大学院はつまらなくてすぐに辞めて、大阪で広告写真のプロダクションに就職。大判カメラやストロボの扱いなど学ぶことも多かったが、なにしろ激務すぎ。「血尿出るまでがんばれ！」と平気で言われるような体育会系のノリのなか、物撮りのためブラジャー500枚にアイロンかけてるうちに寝落ちしたりと、辛すぎる日々を2年近く耐える。そのスパルタ・プロダクションから逃げるように上京、出版社の専属カメラマンとして東京生活が始まったのが25歳のときだった。

『POPEYE』『クロワッサン』『anan』などの雑誌での仕事は、大阪時代とは比べものにならないほど楽しかった。でも身分は社員カメラマンだったので、どうしても派手なページを任されるフリーのカメラマンのほうがキラキラ羨ましく見えてきて、ついに7年間の社員カメラマン生活に終止符を打つことに。

そして中学以来ずっと、いちばん好きだったロンドンに31歳で脱サラ留学。美術系の大学の、写真のプロ・コースに入り、自分の作品を撮ってはクラスで講評、という日々を送る。家賃が高いのでフラットシェアだったが、大家でもある50代男性画家の売れないエロい絵（女性器の絵）をバックに、彼のヌードをリビングで撮らされたり、見知らぬパンクス・カップルとのシェアではふたりの夜の営みの声に悩まされるなど、試練もあった。

1年目のロンドン生活はめちゃ楽しかったが、だんだん「日本で仕事するべきでは」という気持ちのほうが強くなって、けっきょく2年半の滞在でロンドンを切り上げ、東京に帰ってくる。ちなみにロンドンに行く前に付き合っていた彼氏には、留学が決まってから打ち明け、しかし怒られも引き留められもせず、なんとなくの遠距離恋愛状態。自分では「もしロンドンで素敵な出会いがあったら、永住もいいかな〜」とか、ひそかに思っていたが、滞在中に携帯電話番号をせがまれたのは、行きつけのケバブ屋のおっちゃんひとりだった。

帰国後、待っていてくれた彼氏と結婚。いまはふたりの男児の母として、子育てをしながらフリー・カメラマンとして仕事を続けている。このところなぜか下着や水着の広告などが続いているが、それがけっこう好きでもある。週刊文春の原色美女図鑑は、もっとも楽しみな仕事のひとつで、旧知のベテラン編集者に「女の子をエロく清潔に撮る」と評されたのがうれしい。さらに最近はスチルだけでなくムービーも手がけるようになって、それもすごく楽しい。

ヴィヴィアンのワンショルダーのTシャツはたしか1995年、21歳のころ卒業旅行として、初めてのひとり旅で訪れたロンドンで、憧れのワールズ・エンド（ヴィヴィアン・ウエストウッドのロンドン本店）に行ったときに、ワゴンセールで掴み取ったもの。私にとって初めてのヴィヴィアン・アイテムである。そのときすでに発売から10年近く経った在庫品だったと思うが（そんな昔の商品を平気で売るのもヴィヴィアンらしい）、そのシーズンの商品は高すぎてとうてい手が出ず、ようやく買えるものを見つけたのがこれだった。

が、モロに80年代の産物であるこのワンショルダー、着こなしはかなり難しい。これ一枚を単独で着ることはもちろん、インナーとしても中途半端なので、結局ほとんど活躍していない。実は2000年ごろに80S回帰のブームがあったころ、何度かブルゾンの下に着たことはあるが、あとはこっそり、ひとり暮らしの真夏の寝巻きにした程度か。

が、愛着だけはどのTシャツよりも深く、実はいまも着用の機会をひそかにうかがっている。あとから気づいたが、ワンショルダーは授乳にも便利！　なので他のTシャツの行く末みたいに雑巾になんかしないし、ずっとタンスの隅っこに入れておくと思う、ほんとうに捨てられない一枚である。

もっさん

◎40歳男性
◎自営業
◎千葉県出身

千葉県の真ん中あたりの東京湾側、工業地帯近くのところで生まれる。子ども時代のジャッキー・チェンから始まり、メタリカやニルヴァーナ、アンスラックスにどっぷりハマった高校生活を経て、大学では建築を専攻する。

あるとき、講義に来た某建築家が建てた学校の修復工事を手伝うことになり、作業よりもその学校のほうに興味を持ってしまう。大学では希望の研究室にも入れなかったので、思い切ってその学校を受験。自分は映像系を専攻したが、県立の学校なので学費も安く、当時の最新スペックの高価なコンピューターを自由に利用できたのは、かなりラッキーだった。卒業後は映像デザインの会社に入ったり、WEB制作会社に入ったりしつつ、数年後フリーに。

2004年ごろ、友人に誘われて「もっさん」というニックネームでmixiを始めた。同じ名前の人が集まったら面白いなと「もっさん」というコミュニティを立ち上げてみたところ、100名近くの「もっさん」が集まってきた。面白いので、「もっさん」をモチーフにしたTシャツを作って希望者に配った。西口の喫煙所付近で合流した「もっさん」は、随分と可愛らしい女性だった。戸惑いながらもお金を受け取り、Tシャツを渡す。このまま恋に発展して「もっさん」と呼び合うのは、ややこしいけどなんだか楽しいかもしれない、と妄想する間もなく取引はあっさり終了した。その日からもう10年以上経ってしまった。

あの子は、まだTシャツを着ているだろうか。私はまだ着ている。そして、在庫も余っている。

色川武大／阿佐田哲也

◎38歳男性
◎印刷工／写真家

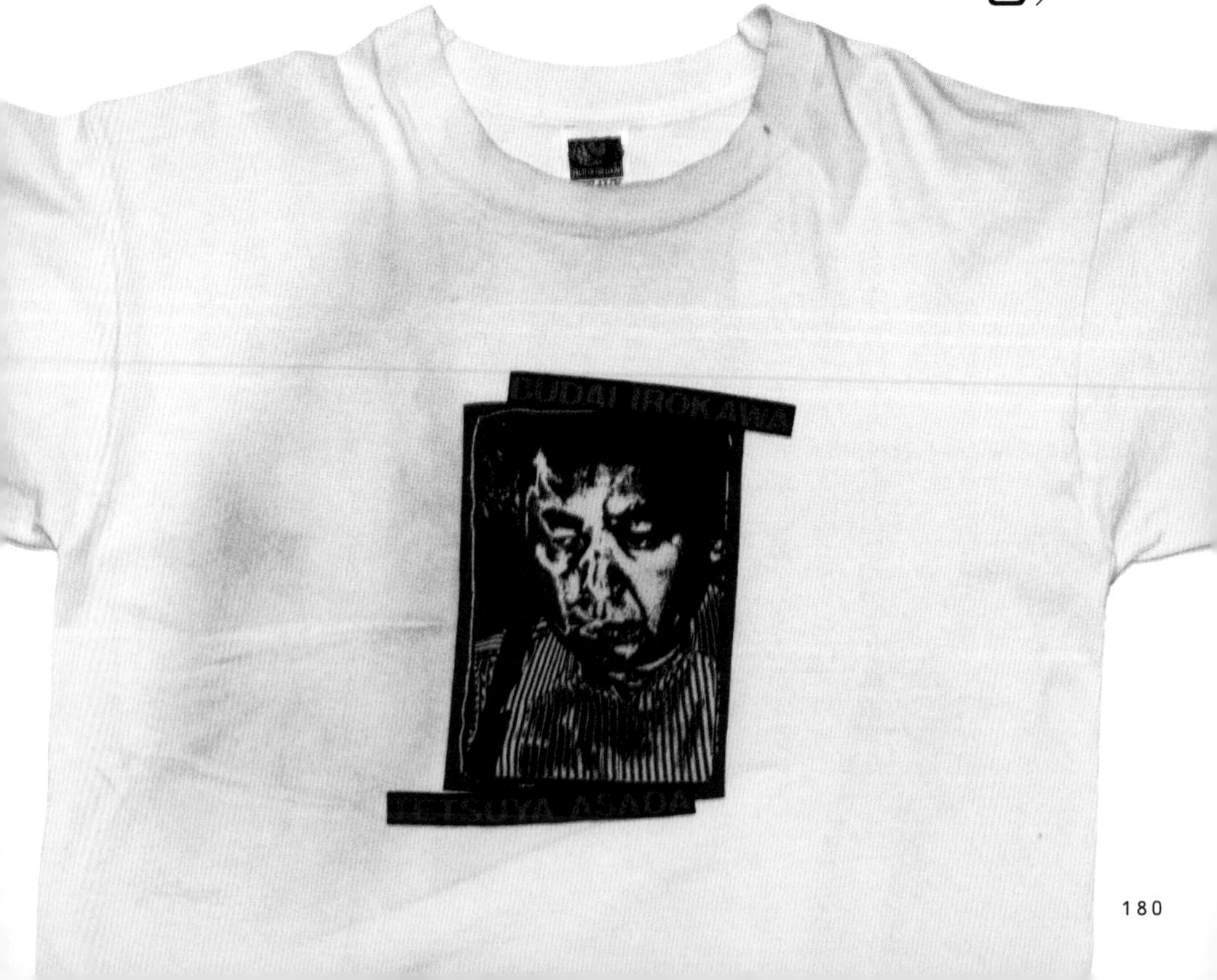

幼少の頃から小学校6年まで2、3年ごとに転勤を繰り返す。

父親は堅くマジメなサラリーマンだった。でも酒飲みでギャンブルをやるダメな父親に、どこか憧れていた。そんなおっさん達を熱狂させる、競馬のジョッキーをカッコ良く思うようになり、競馬雑誌を買ったり場外馬券売り場に一人で行って、持ち逃げしなそうな人に金を渡し、馬券を買ってもらったりした。ジョッキーに対する憧れはますます強くなり、中3になり進路を決める際、競馬学校を希望。親は反対したが、勝手に千葉まで見学に行ったり、資料を自分で取り寄せた。受験資格は１５５センチ43キロ未満。当時１５９センチ40キロだった。競馬学校に電話し、武豊は１７０センチあるけど活躍していると頼み込み、なんとか受験する。結果は不合格。馬を触ったこともないので当然だった。

結局地元の公立高校に進学。野球部に入ったが、スケボーなどユースカルチャーに興味が移り1年で辞める。このころ急に１７０センチくらいに背が伸びた。他校の奴らがごっちゃになる溜まり場ができて、音楽を聴いたりゲームしたり、釣りしたり、スケボーしたり、悪い奴とも真面目な奴とも、色んな奴と付き合って遊んだ。

進路を決定するときになって、カメラマンなら色んな所に行けたり面白そうだと思

い、写真学科のある大学に入る。研究室を決める日に寝坊して、写真化学研究室になる。あまり刺激的な授業もなく、写真も大して撮らず、家賃3万風呂無しのアパートに住み、バイトやスケボー、釣りをしてだらしない生活。しかし図書館で古い写真集を見たりするのはわりかし面白く、古本屋にも行くようになる。四ッ谷の古本屋の主人が勧めてくれる写真集や本は、どれも面白く信頼していた。その人の勧めで知ったのが、色川武大。『怪しい来客簿』『狂人日記』、そして『うらおもて人生録』。夢中になり、著書を片っ端から探して読んだ。そこに登場する、真っ当に生きられない人々に対する愛情や眼差し。そういう大人達を熱狂させるジョッキーをかっこよく思っていたくらいだから、彼の本は聖書になった。

大学は卒論も書かずに卒業させてくれた。就活はシャレで東スポのカメラマンを受けたが、実技でストロボもロクに使えず不合格。カメラの使い方くらい覚えようと、編プロやスタジオ、個人のアシスタントもやってみたが、どれもすぐ辞めて、けっきょく学生時代やっていた深夜の日雇いの清掃のバイトに戻る。

家の近所には花月園、川崎競輪があり、競輪にハマる。現場仲間からスロットも教わり、ギャンブルにズブズブ、すぐに借金は膨らみ、日雇い生活から抜けられず10数年。給料は特別良くなかったが、特殊な清掃の仕事で会社は儲かっていて、社員旅行とは別にバイトたちの旅行があった。

入ったばかりのころ、バイト旅行で千葉に海水浴に行った際、立ち寄った麻雀博物館。そこで見つけた色川武大/阿佐田哲也Tシャツ。ずっと椅子のカバーにしていて、漂白しても黄ばみは取れなくなった。でも、とても捨てることはできない。

河井克夫

◎28歳女性
◎出版社勤務
◎山形県出身

小6のころ、親戚のおねえちゃんの影響でHi-STANDARDにドハマリし、ハイスタに会うためにバンドマンになろうと思った。でも父親が厳しくて、ギターもピアノも習わせてもらえなくて、それなら好きな歌を勉強しようと、声楽を習い始める。すべてはKEN YOKOYAMAに出会うためだった。

オペラなんて聴いたこともなかったけど、自分に向いていて、だんだん上手くなるのが目に見えてわかって、夢中になれた。高校も県立女子校の音楽科に進み、毎日5時に起きて5時半の始発で学校に、そこからホームルームまで歌って、放課後練習したあと、21〜22時に家に帰り着くような生活。3年間一日も休まず通って、コンクールでは東北1位になったことも。けっこう調子に乗っていて、将来はオペラ歌手だな、と思っていた。

でも進学した都内の音大には、なんと声楽科の生徒が100人もいた（高校で声楽をやってたのは3人ぐらい）。それに半年ぐらいで、音大というのは、どの先生に習っているかが重視される「学閥社会」だと気づいてしまった。自分にはそういうのは合ってなくて、大学2年生ぐらいからは、ボイトレとかドラムレッスンとか、オペラ歌手以外の道を模索し始める。他校の軽音楽部とバンドも組んで、ある日、その学校内を歩いているときにプロレスサークルに誘われ、うっかり「アソコ・ジョボジョボ

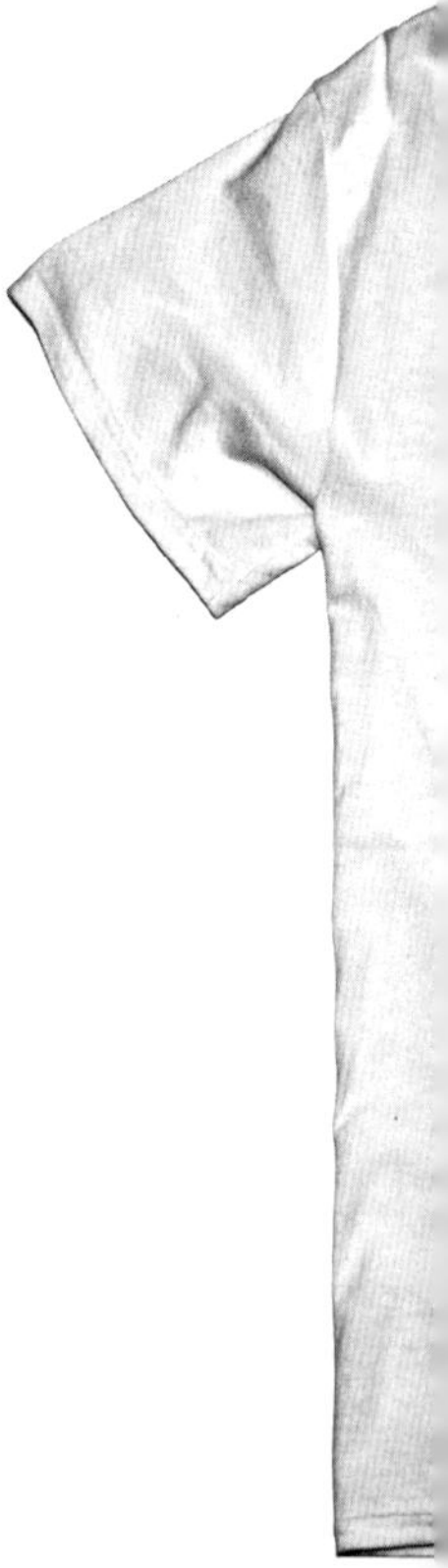

ビッチ」というリングネームを命名される。ただ練習のしすぎで肋骨にヒビが入って歌に支障が出始め、初めてできた彼氏にも体中の青あざと傷跡を見られて、10カ月ほどで退団してしまった。

「やっぱり学校の先生になろう！」と、卒業直前に専門学校に通いだすが、結局パンクが好きだからレコード会社か音楽事務所に入りたい！と方向転換。なんとか希望していた会社にアルバイトで入ることができたけど生活は厳しくて、2年後、別の音楽事務所に社員として入社する。でも給料はほとんど変わらず、そのころになって、やっと親に甘えすぎていた自分に気がつき、お金を稼ぐのは大変なんだとめちゃくちゃ反省する。もっと仕事をがんばろうと、出版社に転職。ようやく生活も安定してきたけれど、実はまだ本当ににやりたいことを考えている。

このTシャツは彼氏から誕生日にもらった、河井克夫さんの直筆Tシャツ、一点もの。付き合いだして半年後、最初の自分の誕生日に、彼氏がパークハイアットのレストランを予約してくれた。ヤバい、これは結婚を申し込まれるのではないか……とドキドキしながら行ったら、いきなり渡されたのがこのTシャツだった。

河井さんの『日本の実話』という漫画が自分の家にあり、その中の尿を顔にかけられてる場面に彼はすごく衝撃を受けて、それを絵にしてもらったそう。高円寺のイベントで、河井さんが直筆イラストを描きますというコーナーに、わざわざ行って頼んでくれたようだ。初めて彼氏にもらうTシャツがコレかよ！みたいな気持ちもあったけど（笑）、大事で捨てられないし、まだ着ることもできていない。

ちなみにその彼とは今年から同棲も始めて、そろそろ結婚も意識したり、している。

Kiss ME qUIck

◎32歳男性
◎建築家
◎兵庫県出身

中2のころ、明石にヴィレッジヴァンガードができて、そこでデザインやファッションの本を読むようになる。おかげで世界がずいぶん広がったが、共有できる友達はいなかった。

絵を描くのは好きだったし、物理や数学も得意だったので、大学では建築を専攻。みんなといっしょというのが昔から嫌いで、だれも行かなそうな仙台の大学を選んだ。卒業後も大学院でもう少し勉強したいと思い、京都へ。一乗寺の商店街に住んで、かつてのヴィレバンのように、今度は恵文社にいろんなことを教わった。

半年間のロンドン留学を経て、ミラノの建築事務所に就職。日本人ゆえの大変なことも多かったが、それでもイタリア人の気質が自分に合っていたのか結局そこで6年間働き、2年前に神戸に戻ってきた。階段を降りればすぐに居酒屋があるような、ちょうどいい物件を南京町に見つけて、ミラノ時代から付き合っていた服飾デザイナーの彼女と、ふたりで事務所を構えた(その後いろいろあって、去年の秋、別れてしまったが)。いまは徐々に仕事が増え、住宅、美容室、ビルの改修など手がけている。このスタイルが自分に合っているので、しばらくはこのまま神戸にいようと思う。

2013年ごろ、元彼女が働いていたブランドのボスが、ミラノの家に泊まりに来たことがあった。すごく音楽が好きなひとで、家にあったしょぼいアコギを僕が弾き、ボスが茶碗に箸でドラム、みたいなどんちゃん騒ぎを繰り広げた。一夜明けて、宿代の代わりかわからないが置いていってくれたのがこのTシャツ。その夜の変に楽しい気分をいまでも思い出すし、蠟燭に馬というデザインも好きで、いまでもよく着ている、こないだの日曜日にも着た。

アイオワ

◎33歳男性
◎編集者
◎大分県出身

幼稚園に入るまでは、人間の友達がいなかった。本を読んだり、婆ちゃんのレコード（『釜山港へ帰れ』とか）を聞いたり。あとは裏山で木に登ったり、探検したり。

高校卒業までを地元で過ごし、大学は神戸に。そのころ、好きだったBLANKEY JET CITYの影響もあり、日雇いバイトでお金を貯めて、中型バイクを購入した。おかげで行動範囲がぐっと広がった。沖縄に行ったり、そのまま

船で台湾に行ったり。いつもだいたいひとりだった。小さいころ裏山でひとりで遊んでいたのと、あまり変わらなかったかもしれない。

　レッチリが好きだったから、20歳のとき、初めてひとりでLAに。現地でも、居候先の息子と車でアメリカ中を旅行した。特に砂漠とか国立公園とか、なにもないところに行くのが最高で、そういうところには、ひとのことはまったく気にせず、自分の好きなことをやってる変人がたくさんいて（実はLAの都市部にもいっぱいいたのだったが）、それが超いいと思った。

　高校時代から雑誌もいろいろと読んでいて、『SWITCH』は古いものも買い集めて読んだ。『ファミ通』の読者投稿ページも、サブカルのにおいがした。『rockin' on』も、まだ同人誌っぽいおもしろさがある時代だった。

雑誌っておもしろいかもしれないという単純な理由で、就職活動は出版社に絞ることに。順当に大手から落ちていって、6社目くらいでようやく受かる。最初から、まるで会社員ぽくない働き方をしてきたが、それができたのは、この会社でだれもやってないことをやってきたから。

入社して13年、そろそろ自分で会社を作るしかないなと思い、いまの会社を辞めることに。小さい規模で、作りたいものをきちんと作るというのを、これからはやっていきたい。

このTシャツは2009年ごろに、熊本の古着屋で購入したもの。

実はアイオワにはいい思い出がなかった。アメリカを車で旅していたときに、女子高生みたいなふたり組に「GO BACK TO CHINA!」と言われたのがアイオワだった。ほぼ白人しかいない街はこういうことがあるんだ、世界は広いなとそのとき思った。

と言いながらも、くたっとした感じと、これまでそこそこ真面目な青年だった自分が、ダメ人間になっていくきっかけとなったアメリカへの愛憎がごちゃ混ぜになってる感じがして、思わず購入した、このTシャツ。いまでもけっこう気に入っていて、おもに遠出をするときによく着ている。たぶん、なにかのフェスで木に寄りかかって寝ているときに、背中に松ヤニがべったりついてしまった。

自分は洗濯マニアで、赤ワインの染みとか、古着に染み付いた腋臭とか、落とせないものはないのだが、松ヤニだけはダメだった。世の中には自分の力ではどうにもならないことがあるなと、そのとき実感できたのだった。

グラフィティ

◎27歳男性
◎グラフィックデザイナー兼絵描き
◎東京都出身

4人兄弟の末っ子で、上の兄姉がみんなちゃんとしてただけに、自分はグレた（笑）。親が共働きで、おばあちゃんが半分親代わりだった。

絵は高校時代から描いていたけど、日本の美大にはまったく興味を持てなかった。それで高校を卒業したあと、19歳でサンフランシスコに留学する。サンフランシスコに決めたのは、単純にストリートアートや、70年代のサイケデリック・ロックが好きだったから。とにかく日本の大学生が嫌いだったので、日本にだけは帰りたくなかった。語学学校に通ったあと、公立の大学でグラフィックデザインを勉強する。はじめてのひとり暮らしで楽しかったけれど、お金がなくて大変だった。

学校には3年半通って、そのあと1年くらいサンフランシスコの音楽エージェントで働いた。音楽オタクというほどではないが、音楽はずっと好きで、レゲエとロックを特に愛聴していた。働いてた事務所はボスが黒人のミュージシャン、奥さんが日本人で、2歳ぐらいの子どもがいた。ミュージシャンでもアーティストでも映画監督でも、みんな生活していかなきゃならないし、家族がいれば養っていかなきゃならない。その強さをボスから感じて、すごいなと影響を受けた。

仕事はインハウスデザイナーで入ったが、やれることはなんでもやった。運転手もしたり、小さな倉庫みたいなギャラリーもあったので、そこのキュレーションをしたり。楽しかったけれど、とにかくお金がしんどくて、最終的にはボスの家に泊まり込んでいた。

そのうちにビザが切れてしまい、不法滞在も考えたけど、おばあちゃんが年ということもあって（いまでも元気だが）、いちど帰国してみることにした。それがいまから2年前のこと。

帰ってきた当初は元気が出ず、アルバイトしながら絵を描いて、個展を開いてみたりしたが、日本から逃げたくてたまらなかった。4年ぶりに会う家族も、高校時代とはもちろん変わっていて……。それでもどうにかしなきゃいけないと、わかってはいても、当時は目の前の現実から逃げていたと思う。

いまは、音楽関係のグッズ企画・デザインをする会社のデザイン部門で働きながら、バンドを結成した。パートはギター&ヴォーカル。絵もあいかわらず描きつづけている。

高3のころに友達とふたりで、パクったママチャリで近場の廃ダムまで、グラフィティを描きにいった。大声で騒ぎながら、ビールを呑んでダラダラ描いてたら、警察に通報されてパクられてしまった。その賠償金が20万円ぐらい。当時の自分には大金だった。中3のころから、兄ちゃんの働いてたコンビニでバイトしていて、いつか海外に行きたいと貯金していたのが、賠償金で全部なくなった。

好き放題やっていたら捕まったというのが、自分ではかなりショックで、未成年だから親も巻き込むことになったし、そこで初めて社会的責任というものを感じたのだった。もうアメリカには行けないかもしれないとか、いろいろ悩んでいたときに友達が、そのグラフィティの写真でTシャツを作ってプレゼントしてくれた。

いまでもこのTシャツは、たまに着ている。ちなみにその友達はスパッとグラフィティをやめて、料理の道に進んだ。

エミリーテンプルキュート

◎24歳女性
◎アーティストの経理・プロジェクトマネージャー
◎広島県出身

ずっとひとりで、家の中でいくらでも遊べる子どもだった。両親は共に武蔵野美術大学出身、『日曜美術館』を毎週観るような家庭だった。

中学2年生のとき、ニュージーランドに2週間ほど留学して帰ってきたあたりから、最初は保健室登校で、そのあと不登校になってしまう。理由は単純で、学校がつまらないと気づいてしまったから。

家にいるあいだはずっと考えごとをしているか、しょうもない深夜アニメをYouTubeやニコニコ動画で見漁っていた。そのころは鬱も併発していたから、これからなんのために生きよう、どうやって死のうって、いつも悩んでいた。たまに外に出るのは、現代美術館の展覧会に行くのと、あとは月に1回くらいのお菓子教室と華道だけ。中学時代の人間関係は全部シャットアウトしていて、友達はひとりもいなかった。

そんな時期が、学校に通っていれば高校2年になるくらいまで続いたけど、高3になる年の4月、高卒認定を取って京都の美術系の大学を受験することにした。美術は好きだったし、なにより実家から出たかった。

ひとり暮らしは楽しそうだし、コミュ力に自信がないわけじゃなかったので、久しぶりの学校生活に不安はなかった。それに大学で勉強したいことがたくさんあったから、最初から友達がいないことを別にしんどいとは思わなかった。大学では空間デザインが専門で、授業内にとっとと課題を終わらせて、いつも酒場を呑み歩いていた。百万遍の呑み屋街に自転車で行けたのも大きくて、大学時代は呑むことと制作で、めちゃくちゃ忙しかった。

大学4年になってすぐ、妊娠していることがわかった。子どもがずっと欲しかったから、ただただ嬉しかった。

鬱時代から生きる理由が見つからなくて、そういうのを解決するのって、子どもという存在かもしれないと思ったりしていた。ちょうど中3のころに『14歳の母』というドラマが流行っていたことの影響もある。引きこもり時代は男性恐怖症的なところがあり、男の人が苦手だった。大学に入って男の子の友達もできたけれど、恋愛はあまり得意じゃなかったし、性的欲求も少ないほうだったけれど、酔っ払うとワンナイトを過ごしたりしてしまう相手も何人かいて、その中のひとりとの子どもだった。

妊娠したことを「しまった!」とは全然思わず、とにかく産みたかったから、産むための手順をいろいろ考えた。結婚願望はそもそもないし、結婚には制約やデメリットのほうが多いと思っていたから、産むならひとりで産むという選択しかなかった。

そのころは京都のワンルームの3階、しかも螺旋階段のアパートに住んでいたので、さすがにこの環境は妊婦に厳しいと思って、大学4年の秋から広島に戻る。大学の先生も友達も応援してくれていて、卒業制作の最終プレゼンの資料をポストに入れた途端、陣痛が始まった。最初は生理痛のような感じで我慢できたので、母親に頼んでもうすぐ会期の終わるChim↑Pomの展示に駆けつけ(病院のすぐ近くが展示会場だった)、そのまま入院、超安産ですぐに出てきた。12月のことだった。

卒業後は広島で1年ほど暮らすが、子どもを産んだことでさらに干渉してくる母親がかなりしんどくなり、東京に出てきて姉と子どもと同居を始める。

もともと大学院に行こうと思っていたけど、そのうち、とあるアーティストのマネジメントの仕事をするようになる。めちゃくちゃ忙しくなったけれど、ほんとうにおもしろくて、職場に近い埼玉の一軒家に引っ越したばかり。週末には東京まで友達に会いに出かけたり、保育園が休みの日に仕事が入っても、友達が交代で子守をしてくれる。いまの暮らしがちょうどいい感じなので、珍しくこの生活はしばらく続きそうだなと思っている。

Tシャツは、14歳から17歳くらいまでの引きこもり時代に、ロリータ・ファッションに傾倒していたころの一枚。なにしろコテコテの引きこもりだったので、「外に出る」とか、下手すると「布団から出る」だけである種、虚勢を張らなきゃいけないような気持ちがあって、ロリータ・ファッションはヨロイカブトだったと思う。

もう少し具体的に言うと、ロリータは服だけじゃなくて、髪を巻いたり、化粧をある程度しないと完成しないファッションなので、支度するのに2時間とか、ふつうにかかっていた。だから、そこまでして「出かけない」はナシだぞ！って、自分を追い込む方法でもあった。出かけることに完全には乗り気じゃないときも、チビチビ支度してるうちに、まあせっかく着飾ったし、ちょっと外行こうかな、みたいな感じで出れたりするから。

それを親もわかっていたので、ティーンズ・ファッションにしてはお金のかかるジャンルだったけれど、セールのときにねだったりすると、買ってくれていた。

その親心や、当時の自分なりの踏ん張りをいろいろ思い出すと、もう着ることはなくても、なんとなく捨てるのは難しいなぁと思っている。

乱一世

◎44歳女性
◎喫茶店経営

浅草でホットケーキが美味しい店として知られる小さな喫茶店「珈琲 天国」をひとりで切り盛りしている。もともと文化服装学院からアクセサリーの会社に入ったが、ほどなく神保町のマニアックなCD&DVD屋に転職。20代でカフェ・ブームを体験し、「いつかは自分でも」と思いながら10年が過ぎたころ、ついに開業を決意。「ホットケーキが似合う街」を探して人形町か浅草に的を絞るものの、人形町では物件に巡り合わず、浅草を歩くうちに現在の店の前を通りかかり、「貸店舗」の札を見て即決。2015年6月で10周年を迎えた。

Tシャツは往年の人気深夜テレビ番組『トゥナイト2』で人気絶頂、しかし「トイレはCMの間に」発言でどん底に叩き落された乱一世のTシャツ。20代中頃、渋谷のTシャツ・ショップで購入したもの。とはいえ「RUN 1ST」をRUN DMCと勘違いしていて、当時もう流行りを過ぎてたから珍しいと思って飛びついた。特に乱一世のファンではなかったが、でも着ているうちに好きになった。ちなみに当時の彼氏とデートに行ったときに「RUN 1ST」を着て行ったら、「それ、着てて恥ずかしくないの?」とドン引かれ、それが現在の旦那様である。

ちなみにこのTシャツ、実は2枚購入。顔がプリントされている白地のTシャツもあるのだが、下着が透けちゃうので自分でオレンジに染めた。気分としては「2枚でワンセット」だが、すでに購入時から20年以上経過。かなり色褪せ、衣替えの時期が来るたびに熟慮するが、やっぱりかっこよくて、捨てられない! いまでは外で着ていても、だれも「乱一世」とは気づいてくれないので、自分から「ねえねえ、これ知ってる?」とアピールしている。

タケオキクチ

◎35歳男性
◎フリーランス
◎千葉県出身

小学校の途中、父親の仕事でアメリカ（マンハッタンから車で3時間かかるようなど田舎）に少しだけ住んでいて、帰国後は埼玉の全寮制・中高一貫校に進学した。寮はテレビ、ラジオ、マンガ全部禁止。朝6時過ぎになると校歌が鳴り響き、校庭に出て体操。同室の3人と戦争になったりしつつも、なんとか6年間皆勤する。

卒業が近づくと、情報通信産業ど真ん中の父親から、やや僻地にある通信が得意な大学をすすめられ、いろいろあって入学。そこでこのTシャツの、元の持ち主と会うことになった。

彼は自分が3年生のころ入学してきた、年上の後輩だった。大学に入る前に、劇団を立ち上げたりしていたらしい。有名なプロダクトデザイナーの息子だった彼は、幼少期から蓄積された変な経験があり、不思議な全能感を持っていた。

そんな彼が鬱を患い始めたのは『電波少年的放送局企画部　放送作家トキワ荘』という企画に出演し、企画の打ち切りでトキワ荘を追い出されたころだった。

何度か入退院を繰り返していた時期に、彼のいとこのスタイリストさん宅で、彼の

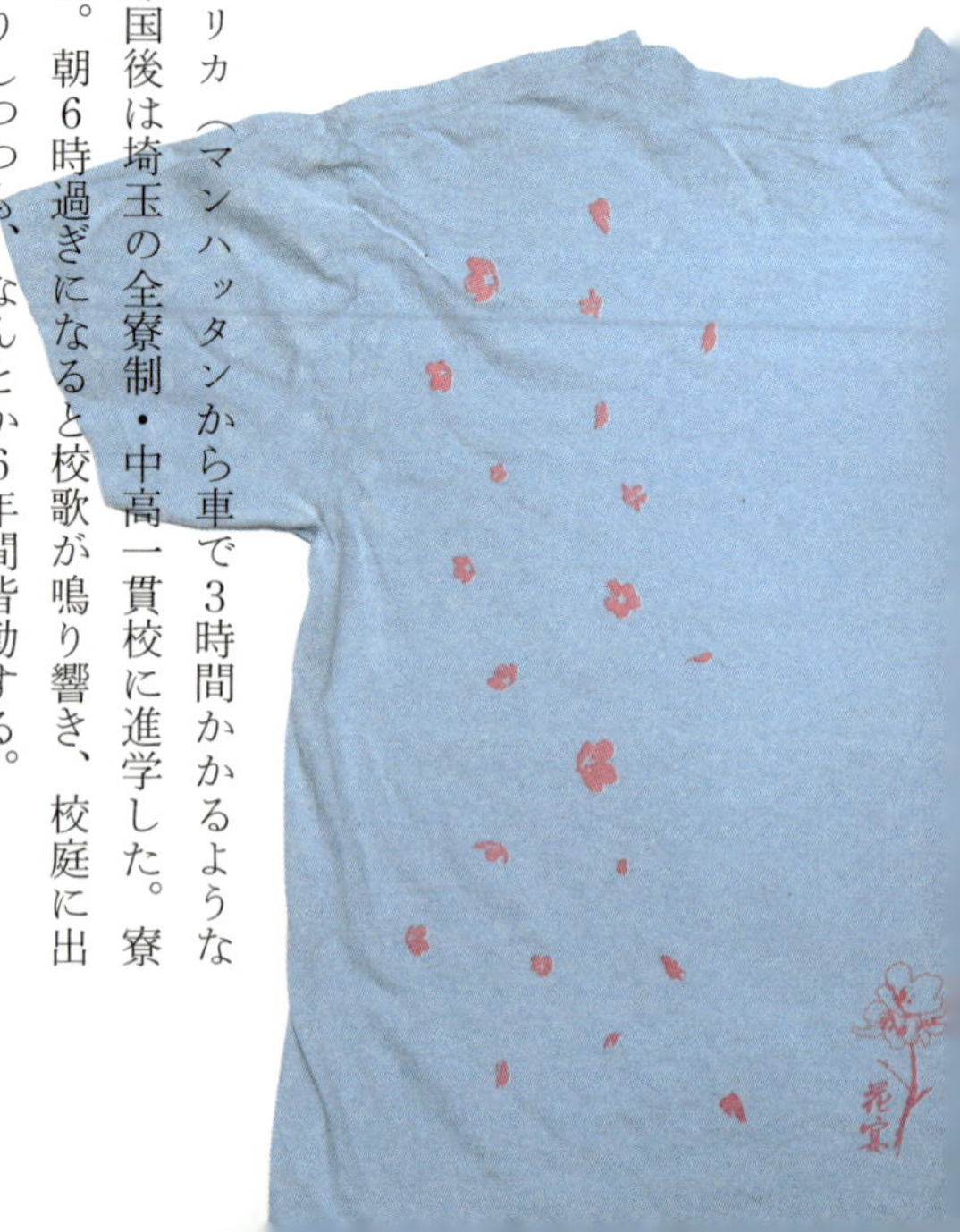

私物を身内で買い取るフリマ祭りみたいなものがあり、そこで彼から買ったのが桜柄のTシャツだった。

ヒョロっと背が高くて（鍛えてない金子賢みたいな）、デザイナーのお母さんから攻めた服を着させられ慣れていた彼にとても似合っていて、いいTシャツだなぁと思っていたので、試しに着てみたかった程度の理由だったと思う。

フリマの前あたりから、彼は「死ぬ前に知らなかったものを見たい」と言って、キャバにも通い始めた。フルーツの名前が源氏名の女の子を指名していて、向精神薬と睡眠薬とシャンパンが混じった目で、タクシーで送ると言っても、「僕を見送って事故のニュースを見るのと、一緒に乗って怖い思いしながらも二人の生存に賭けるのとどっちがいい?」とか言われ、やむをえず彼の車で、信号が変わるたびに起こしながら246を帰ったときにも着ていたTシャツだった。

　憎まれ口が日常語だった彼は、「君は僕のいい服をまとめ買いできてよかったね」とかずっと言っていたが、何度かの入退院の後、結局死んでしまった。自分は彼の携帯から、最後の電話を受けた人になってしまった。通話の内容は、「すぐに死にたいのにプリンタが壊れて遺書がプリントアウトできない」だった。

　明日プリンタ直しに行くから、とりあえず今日は寝てみない? 遺書ちゃんとプリントできてない状態で死んじゃうのもあれじゃない? みたいな話をしばらくしていて、「とりあえず寝ることにしようかな」と向こうが電話を切ったのが、最後の会話になった。その後、彼の部屋に行ったとき、プリントのタスクがひとつエラーになっているのを見つけて削除したら、そこからプリントしようとしていた遺書が何十回もプリントされ始めて、言葉を失った。

　彼が死んだあとで、それまでほとんど付き合いのなかった彼の父と話すようになった。仕事もすこし一緒にするようになったころ、彼の父が特任教授として僕らの母校に赴任することになって、手伝ってくれない?と誘われ、授業のひとコマを担当するように。その当時の学生たちが、いまはいい仲間になっていたりする。

　彼と出会ってから15年弱、いなくなってから10年くらい。まだいろんな形で、彼から始まったことは続いている。彼がいなくなっちゃったのが梅雨ごろで、彼の誕生日は秋の終わりなので、どちらのタイミングで着ても、桜のTシャツはとても季節外れに見えてしまう。

軽井沢骨折T

◎44歳男性
◎メルマガ運営
◎滋賀県出身

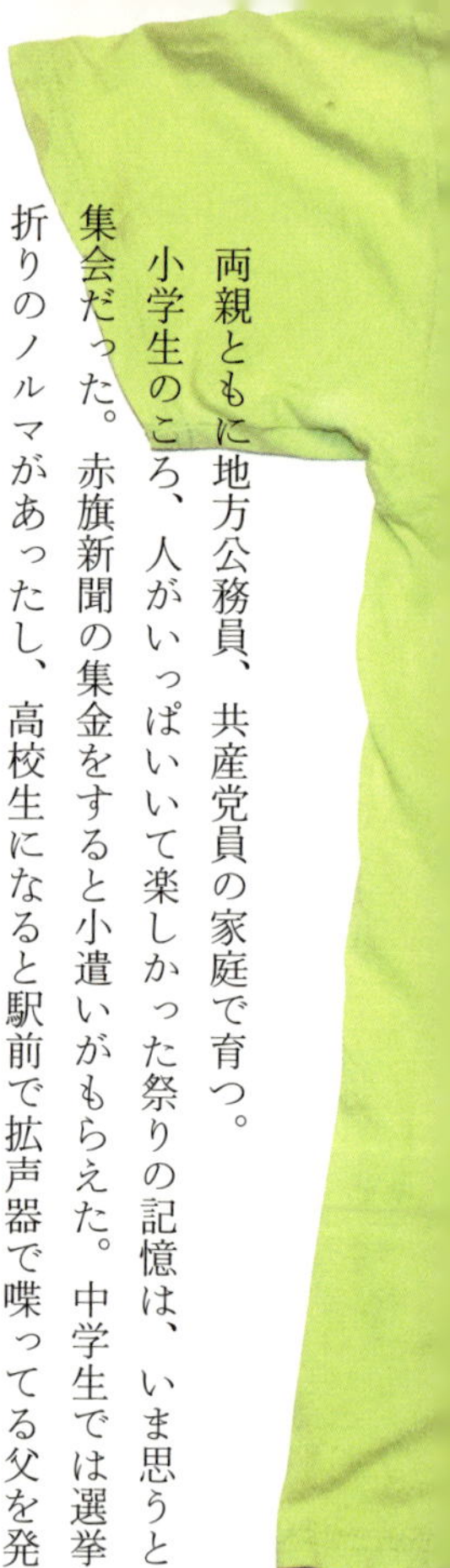

両親ともに地方公務員、共産党員の家庭で育つ。

小学生のころ、人がいっぱいいて楽しかった祭りの記憶は、いま思うとメーデーの集会だった。赤旗新聞の集金をすると小遣いがもらえた。中学生では選挙前にはビラ折りのノルマがあったし、高校生になると駅前で拡声器で喋ってる父を発見した。

大学生でひとり暮らしをはじめて、海外留学の後、大阪で就職した。同じ時期「デジタル時代のバウハウス」を標榜していた社会人講座を受講。ビジネスパートナーと嫁の両方に出会う。起業してから、ビジネスパートナーと嫁と実家に遊びに行ったとき、父が「すき焼きを食べられるのも、憲法第九条のおかげです」と安定の祝詞（呪詛）を唱えていた。

嫁とは１９９９年に大阪の台所・黒門市場の長屋で同棲をはじめた。結婚のきっかけは「夜の黒門市場求婚事件」だ。夜の黒門市場はクルマが自由に往来できるようになる。その日は嫁が運転するミニの中でケンカが勃発、ケンカを終わらせるため、僕は車を降りて黒門市場を歩いて帰ろうとした。するとギュンギュンと後方から景気のいいアクセル音がして、タイヤと通路の摩擦なのか煙が充満しはじめた。なんとなくヤバイと思って市場の通路の端にサッとよけた瞬間、ミニが見たこともない加速で身体の横をすり抜けていった。「結婚するか、死ぬか、どっちにする？」と言われたが、多分本気で轢くつもりだったんだと思う。紙切れ１枚のことだと思って結婚を選んだけど、よく考えると……いや、よく考えないほうがいい。

このＴシャツは２０１０年７月、軽井沢の友人別荘のベランダが落ちたときの骨折記念Ｔシャツ。「ベランダから」落ちたわけではなく「ベランダが」落ちた。当時、知り合ったばかりだった嫁の知り合いが軽井沢に別荘を持っていると聞き、人生初の軽井沢を過ごしてみたくて、10畳はあるウッドデッキでバーベキューが企画された。バーベキュー開始後わずか30分、別荘主が「美味しいピザのデリバリー、注文したわよ〜!」という言葉をトリガーにベランダがバリバリと落下。僕と別荘主のふたりがフリーフォールのイスに座ったような状態で落下し、直接衝撃を受けて、その場で立ち上がることができずに救急車で軽井沢病院に搬送。圧迫骨折と診断された。軽井沢に到着して2時間で、1カ月間の入院決定! それが3週間は寝たきりという、軽井沢ライフのスタートだった。

退院する直前「耳のないパグ犬」と見つめ合う夢を見た。自分の中で吉夢と認定し、東京に帰ってから、お見舞へのお礼にこのモチーフでTシャツを30〜40着作って送った。自分も最初は普通に着て骨折のネタにしていたが、ここ5年はパジャマのレギュラー要員としてフル稼働。蛍光色は褪せて穴もあき、そろそろ寿命だと思う。

ちなみに入院中、同じ部屋にあとから入ってきた地元の暴走族の兄ちゃん(軽井沢にもいた!)から「読みます?」と急に渡されたのが『チャンプロード』で、そのときの特集が、都築さんが対談で出ている号だった。「知ってる人だよ」と言ったとたん、すごくなついてくれて、その子は自分が退院してからも3日にいちどはお酒とタバコを持ってきてくれたり、いろいろと世話をしてくれた。

6年経った今、別荘主とも暴走族の男の子とも、さらに言えば軽井沢とも疎遠になっているが、ふたりともこのTシャツは捨てずに大切に持ってくれている気がする。

anvil
KPM

K.P.M.

◎38歳男性
◎編集者
◎鳥取県出身

父はそうとう厳しいひとで、子どものころは、物置小屋の柱に縄でしばりつけられたり（後半はだいたい自力で解けた）、家の裏の川に投げ捨てられたりしていた（たまに祖父が助けた）。漫画は当然禁止。ファミコンをせがんだときには、「ファミコンをする人間ではなく、ファミコンをつくる人間になれ」。ひどい言い訳だと思った。小室哲哉全盛期の高校時代を過ごし、自分も小室さんを尊敬するあまり、学園祭の

テーマソングを（2年連続）勝手にでっちあげ、気になってる女の子に歌ってもらったりした。完全にプロデューサー気取りで、付けた曲名は「Dis brilliant」。ただただ、恥ずかしい……。そんな自意識にかまけているうちに受験に身が入らず、浪人も決定。翌年、東大後期試験に無事合格するが、一学年3000人、男女比は4対1という、ほぼ男子校だった。松浦寿輝がつねに両手でマイクを持ち映画論の授業をしていた。

その浪人中に知った小西康陽さんのラジオ番組「Readymade FM」を聴くうち、レコードにはまっていった。青山のファイで小西さんが月1やっていたパーティにチャリで通い、そこで知り合った音楽仲間の中から新しい彼女ができた。何かのメンバーズカードを盗み見て彼女が30歳だと知ったが、その年齢差がよくて、音楽も映画も本もすべて彼女から教わった。が、セックス（挿入）だけは教えてくれなかった。

その彼女が連れていってくれた音楽イベントで、インディーズ音楽レーベルを主催する男性を紹介されて手伝うようになり、そのまま大学卒業後の就職先となった。

仕事は、いわゆる「A&R」。でも売れっ子アーティスト担当でもない限り、そんなに仕事はなくて、オフィスに行かず地下鉄の始点から終点まで往復したり、サンプル片手に保育園に飛び込む間違った営業をしたりしていた。

最終的に、夕方からはサミット笹塚店でバイトを掛け持ち……。ダンボールをひたすら潰し、マロニーちゃんを「前だし」し続ける毎日。面倒なので履歴書は「東洋大学」と偽った。たまに帰省すれば親に泣かれ、帰途の機内で見かけた高校の同級生からは身を潜めた。

もっとも多くの時間を過ごしたアーティストは、中原めいこの名曲「君たちキウイ・

パパイア・マンゴーだね」から名前をとった「K.P.M.」（キウイとパパイヤ、マンゴーズ）というバンド。早稲田の中南米研究会出身、レゲエや民謡など土着のリズムをベースしたツインボーカル。

2005年、2枚目のアルバムリリースを記念して自分たちでオリジナルTシャツを作った。数万のギャラでジャケットのために絵を描き下ろしてくれた小池アミイゴ先輩が、Tシャツ用に描き足してくれたが、サイズがやや大きいのでその後あまり着ることはなくなった。

物心両面でかなり厳しくなって、もっと地味な仕事でもと思っていた矢先、新聞求人欄で知らない出版社が中途募集しているのを見かけた。経験ゼロに等しいのに、なぜか採用された。あとで聞けば、希望給与額がいちばん少なかった僕に、面接なのに葉巻を吸うゴッドファーザー風の社長だけが丸を付けたのだという。

インディーズ時代に一人でやるしかなかった仕事は、いま思えば編集職の実地研修にもなっていたように思う。おかげでイラレですぐPOPを作れるけれど、いちばん学んだのは「態度」みたいなものだ。そして、作るひととの付き添い方、のようなもの。何より作るひとと一緒にいるのは楽しい。

互いに結婚したり子どももできたりで、バンドのみんなともちょっと疎遠になってしまったけれど、最近は結構ライブをやってるようだから、またこのTシャツを着てふらりと会いにいきたい。

「ファミコンをつくる側になれ」という言葉が、少しだけ肌に近くなったのを感じながら。

お買取
午後
6
時
までです。
値下げ
しました!!
100
婦人服
100
婦人服

お売りください
靴・サンダル
お売りください
100
子供服
駐輪禁止
Town & Country

ジーンズ
スラック
ここから商品が
¥300

ESCADA

ア・ベイジング・エイプ

◎48歳女性
◎求職中
◎東京都出身

東京都港区表参道で生まれ育つ。生まれてすぐに父母が離婚、母に引き取られて母子家庭の一人っ子だったが中学2年で母が再婚し、2番目のお父さんができた。

小学校のときには一時期、考古学者になりたかった。テレビ番組に國學院大學の考古学の先生がときおり出ていたのだが、当時母が付き合っていた年下恋人が國學院の卒業生で、小学校の先生をしていたので、國學院つながりで憧れていたのだと思う。

その母の恋人が、実は私の初体験の相手だった。11歳、小学校5年生のとき。ただ自分には被害感情がなかったし、ちゃんと同意して始まったことなので、いまも犯罪とは思っていない。母が持ってかえってくる週刊誌などでセックスに関する記事をよく読んでいたので、我ながらませた子供という意識はあった。

平日は母親がほとんど家にいないので、週末になるたび母が彼氏の家にデートに行くときに子供を家に置き去りにせず、一緒に連れて行ってもらっていた。そういうときに、母には少々後ろめたい気持ちがあったからだろう、ふたりの関係を娘に認めてもらうために、娘を彼になつかせようと気を配っていた。たとえば彼と私を一緒にお風呂に入れたり。母がなにかの用ででかけるときに、ひとりでは寂しかろうと彼のうちに預けられたり。そのうち、なつきすぎたという……（笑）。

中学生になったころに母が再婚することになり、ふたりは別れるのだが、そうなっても彼とはしばらく会っていた。母にしてみたら、あれだけなついていたのだから、急に会わなくさせるのもと思ったのだろう。それで、一緒に映画に行くとか言いつつ、彼の部屋に行っていたり。そのうち中学校で私に同い年の彼氏ができて、関係は自然消滅。結局2年間ぐらいのお付き合いだった。

小学校低学年のときは担任が女の先生だったが、小4から担任が男の先生になり、なぜかそのときから勉強が嫌になってしまう。中学に入ってからは、ほとんど勉強するのを辞めてしまった。英語と家庭科だけは楽しかったけれど。そうこうするうちに親の再婚をきっかけに、中2で青山から東品川に引っ越すことに。友達たちと離れたくなくて青山の中学校に通っていたが、そのころから原宿のホコ天で踊り始めるようになった。中学生ということで最初は断られたが、ポニーテールにして友達と毎週末通いつめ、踊りも家で練習してしっかり覚えてお願いし、チームに入れてもらう。

もともと音楽は好きで、小学生のころはピンクレディーやたのきんトリオだったが、中学生でロックンロールと出会う。原宿にはクリームソーダがあって、ピンクドラゴンがあって、ブラックキャッツの曲が流れていた。そのいっぽうで、中学で付き合った男の子がパンクだったので、彼に教えられてスターリンとか日本のパンクも聴いたりするようになった。

パンクの彼氏は小学校5年生のときに隣の席だった男の子。中1のときに付き合い始め、それから別れたりくっついたり、中学卒業してからも付き合ったりして、いまだにずっと仲良しである。いまは某刑務所でお務め中だけど……。遊ぶのはいつも彼氏の家。自分の部屋があったし、ドアには鎖をかけたりして（パンクだから）、親がいきなり入ってくるようなこともなかったので、室内でずっと遊んでいた。

高校進学になって、ほんとうは服飾の専門学校に行きたかっけれど、高校ぐらい出たほうがいいと周囲に諭され、英語が好きだったので洗足学園の英文科に入学。ジャンパースカートにボレロという制服も可愛かったので。ただ、そのころには再婚したばかりにもかかわらず、母がダブル不倫にハマってしまい、家庭内はぼろぼろだった。

そういう状態で学校なんかに行く気持ちになれず、すぐに通わなくなってしまい、そのまま退学。16歳でフリーター生活を始めることになった。最初は近くの喫茶店で働くことに。初めてのお給料を8万円もらい、そのうち5万円を家に入れていた。それは家計を助けたいとかではなく、とにかく家が嫌だったから。金を渡すことで「もう、私にいろいろ言わないで」という意思表示だった。なので電話代も自分が払い、電話機を自分の部屋に持って行ったり（固定電話の時代だった）。そのうち両親は16の小娘が夜中に出かけようと、朝帰りしようと、なんにも言わなくなった。それは自由でもあったけれど、家族の問題にだれも向き合わなくなってしまったということでもあり、すごくよくない状況だったと思う。

喫茶店はすぐ辞めて、品川駅前のファストフード店に移った。早番なので早朝出勤、午後2時に終わるので、そこから映画館にも、家で着替えてライブにも行けるようになった。当時はバンドブームが盛り上がりかけの時期で、ケラさんのナゴムレコード、筋肉少女帯、ラフィンノーズ……とにかく行きまくった。ラフィンノーズの日比谷野音の事件があったときには（1987年、公演中にステージ前に折り重なった観客が転倒・下敷きになって3人死亡）、当時フラフラしていて友達と連絡があまり取れなかったので、あいつはあれで死んだらしいと、しばらくみんなの話題になったくらい。

ファストフード店で働いているときに知り合った人が、パチスロ屋をオープンする知人がいるから遅番で働かないかと誘われて、はるかに時給もよかったので働き始め、そのうち朝晩両方を掛け持ちするのが辛くなって、パチスロだけで働くようになる。

そのころ家の状態はもうどうしようもなく、家出したくてたまらなくなっていた。そんなとき店で知り合ったお客さんに旅行に誘われ、一緒に長崎まで行って、そのまま家に帰らなくなってしまう。18歳のときだった。

で、長崎県まで行ったはいいけれど、そのひとは奥さんと実家への里帰りがおもな目的だった。なので自分はビジネスホテルを転々としながら、日中彼と会えたら会って、あとはホテルの部屋にいる。そんな不思議な数カ月だった。ホテルをずっと延泊しているうちに、ホテル側から疑われて「お仕事なにされてるんですか?」「親御さんには?」とか聞かれるようになり、めんどくさくなって別のホテルを転々としたりで、2～3泊ずつ何軒かを回るように。最後はお金もなくなってきて、そのひとが実家で使ってるクルマを道路に停めて、車中で寝泊まりするようになった。彼の家にだれもいないときにこっそり、ご飯を食べたり風呂入りに行ったり。東京に帰るお金もなかったので、どうすることもできなかった。

それはほとんどホームレスみたいな生活だった。あるとき公園の脇にクルマを停めて寝泊まりしていたら（公園なら水飲んだり、お手洗いもあるので）、近所のひとに窓をコンコン叩かれて、「困ってることがあるの？」と聞かれた。とにかく家にいらっしゃいと言ってくれて、とりあえず電話を借りて母親の会社に電話したら、「もう辞めました」と言われてしまい、そういえば家の電話代は自分が払ってたので、とうに止まってるし、連絡するところがなくなってしまった。母親がどこにいるかわからないという状態。

で、ふと思い出したのが、母親がダブル不倫してるひとの会社。１０４で会社の電話番号を探して、そのひとを呼び出してもらい、「お母さんの連絡先知りませんか？」と聞いてみた。それで母と連絡が取れて、迎えに来てくれることに。それまでの数日間は、声をかけてくれた家にお世話になって、そこの子供と遊んだりしていた。いま考えてみれば、長崎まで私を連れてきた男はひどいんだろうけれど、なぜか恨む気持ちになれない。

クルマで寝泊まりしているあいだは、ほんとになんにもしてなかった。お金もぜんぜんなかったし。50円あったらホームランバーを買って、地面に垂らしてアリが寄ってくるのを見ていたり。とにかく毎日がスリリングだった……おまわりさんに見つかったらどうしようとか。

結局、お母さんが迎えに来て東京に帰ってみたら、すでに離婚していて、東品川の家には離婚したあとの父しかいなかった。父からは「君とはもう関係ないんだから、早く家を出て行け」と言われるようになって、すぐにレンタルビデオ屋でバイト開始。そこでビデオ屋のお客さんと仲良くなって、家に遊びに行って、事情を話して、そのまま住まわせてもらうことに。着替えとミシンだけ持って、六畳ひと間のアパートに転がり込んだ。私が20歳、彼が21歳だった。

彼との生活は5年近く続くことになった。母はダブル不倫してた相手が立ち上げた会社で働いていたので、ビデオ屋を辞めて、そこで親子という関係を隠したまま働いたこともあった。そのひとに「バイトだけじゃダメだから、きちんと会社員として働く経験をしたほうがいい」と言われて社員にしてもらって、帳簿を付けたり、伝票を書いたりもしていた。

彼氏と一緒に住んで、彼は映画が好きだったので、夜はご飯作って待っていて、一緒にビデオ見たり、日曜は映画館に行ったり、ディズニーランド行ったりという日々。これまでいろんなことをしてきたけど、ひとって20歳過ぎたら、こうやって落ち着くんだな、まともになるんだなと、そのときは思っていた……。

そんな生活が続いて25歳になったころ、なんのきっかけか体調を崩してしまい、ご飯を食べられない、仕事もできなくなって、家に引きこもってしまうようになった。それはちょうど奥尻島の震災があったころだった。泉谷しげるが募金活動をやっているというニュースがテレビであり、家のそばの駅でゲリラライブをやると聞いて観に行ったのが、すごく久しぶりの外出だったが、その歌う姿に元気をもらって、次の日、別の駅前でライブをやっていたときに手紙を書いて渡したら、お返事をいただいて、「私もがんばろう」と思い始める。

そのすぐあとに泉谷さんがＮＨＫの「ふたりのビッグショー」に出ると知って、観覧申し込みして当選。ＮＨＫがある渋谷に久しぶりに行ったので、せっかくだから懐かしいピンクドラゴンに寄ってみることにした。当時、2階にあったイタリアン・カフェに行ってみたら、昔の知り合いがたくさんいるし、とにかく楽しくて、そこでまたフラフラ癖が再発。ピンクドラゴンに通うようになって、すぐに原宿や渋谷で遊ぶようになった。そのうち彼にご飯を作って待つ、みたいな生活に我慢ができなくなって、たまたま入ったショップのひとと仲良くなって、2カ月後に結婚! 5年一緒に住んだ彼氏をあっけなく捨てて。25歳のときだった。

夫になったひとは洋服屋の店長だった。クールスのメンバーが店のオーナーだったことで、いろんな音楽系のひとたちと知り合うようにもなった。結婚して学芸大学に住んで、最初の1年間は楽しく、あっという間に過ぎていった。自分も夫の店で働くようになり、彼は店の洋服やカタログのデザインもやっていたので、手伝いながらデザインなどの技術が学べたのもうれしかった。

彼は北海道の出身だった。一人っ子ということもあって、北海道に帰ろうという話になって、95年に札幌に引っ越すことに。彼は札幌のデザイン事務所に就職して、自分は専業主婦という生活が始まった。しかしそのうち彼が帰ってこなくなる(仕事が忙しすぎて会社に泊まっていたらしいが)。そうなると家にお金も入れなくなって、困ってるうちに遊び歩くようになって、生活がぐちゃぐちゃになって、だんだん精神的に追い詰められてクリニックに通いはじめたものの、みるみる悪化。いよいよおかしくなって、ついに精神病院に入院することになってしまった。病名がつかなくて「不安状態」という診断書をもらったが、症状は閉鎖病棟に入れられるくらい深刻。なんで出してくれないの!と毎日ナースにくってかかり、患者全員に喧嘩売るような状態で、3カ月の入院生活を送る羽目に。

しかしそうなってみると、夫が毎日会いに来てくれるようになり、病院側も家族がちゃんとしているならと退院許可をもらう。ただ、そのあと結局4回、入退院を繰り返すことになった。

あのときはやっぱり、札幌での専業主婦があわなかったかもしれない。小さいころからいろんなところに住んできたので、引っ越しにまったく抵抗はなかったが、それでも札幌は遠かった……。渋谷とかとちがって、街の中心に行っても、だれも知り合いに会えないし。毎晩8〜9時になると、「きょうも羽田行きの最終が出ちゃった、明日までなにがあっても北海道を出れないんだ」と思いつめ、とにかくケーブルテレビばかり見ていた。スペースシャワーとか、MTVとか。なぜなら地上波だと、時間がわかってしまうから。

1999年から最後の入院が丸1年間続いたあとに、ようやく退院したのは2000年。夫は「ふたりで田舎暮らしをしたほうがいい」と提案、ニセコに引っ越すことになった。すでに彼はデザインの会社がうまくいかなくなって、造園のバイトを始めていたようで、ニセコでもさっそく庭師の仕事を始めた。最初はクルマで寝泊まりしていたが、町会議員さんのお屋敷の庭の剪定をしているうちに、倉庫の2階で寝泊まりさせてもらうようになり、それから空き家になっていた元の町内会館、さらに町営住宅を月7500円で借りれるようになった。

私は彼を手伝って庭の仕事をしたり、夏は別荘の草刈り（ニセコ・バブルの前夜だった）、そのうち農家の仕事を手伝うようになった。春先に働き始め、そうなるとそのまま秋までいろいろ呼んでもらい、苗床つくりから、ジャガイモ取りまで、ずっとお付き合い。そうやって肉体労働に励んだのが、神経の回復にはずいぶんよかったのだろう。

農作業は冬はお休みなので、地元の小さなスキー場の食堂でも働き始めた。そこで覚えたのがスノーボード。働いたあと、毎晩ナイターで滑ってから帰る。1カ月で手首を折ってしまい、クビになるかと思ったら「がんばって！」と言われて、すごいおおらかだな〜と救われた気持ちになったのを、いまでもよく覚えている。

ただ、ニセコには最高のパウダースノーがあるけれど、文化的なものはなにもなかった。雑誌を買うのすら大変で、働きながら月にいちど札幌に行くのが唯一の楽しみ。電車で3時間かかるので、早朝の電車に乗って札幌に着いたらまずパルコを見て、次にどこ見て……というなかで、あるＡ・ベイジング・エイプの札幌店を見つけた。

原宿で働いていたころに、斜め前にあったのが最初のエイプだった。自然に仲良くなって、当時はエイプの服もいっぱい持っていた。これまで引っ越しがものすごく多い人生だったし、そのたびに「かばん一個で出てっちゃう」みたいなことがよくあったので、持ち物は減るいっぽうだったけれど、このＴシャツだけはいまも手元に残っている。その理由はよくわからない。リバーシブルで厚いから乾きにくくて、持ってるエイプの中でいちばん着てないし。厚すぎるから表と裏、わけて2枚にしようと思いつつ、いまだに手をつけていないのだが。

このＴシャツはたしか『Ｂｏｏｎ』かなにかの雑誌を見て、これかわいいと覚えていて買ったものだった。雑誌を読んでほしくなってチェックし、買いに行くというのは、地方ならではのことだと思う。かつては東京の原宿で、そうやって買いに来るひとたちを眺めている立場だったのが、いまになってまったく同じことをやってるなと思うと感慨深く、それで大切に持ち続けることになったのかもしれない。

スキー場では1年目には通いで働いたが、次の冬は夫が別の仕事を始めたので送り迎えの足がなく、住み込みで働くことに。通いのときよりも働けるし、時給が増えて稼げたけれど、ひと冬中、夫と会わないようにもなってしまった。

毎年、男の子4～5人で愛知県からスキーに来てくれるトヨタ自動車勤務のお客さんがいた。シーズンが終わったときに、そのひとりから誘われて、愛知に遊びに行ったまま、実は北海道にいまだ帰ってない……というわけで、2002年から愛知県に暮らしている。夫とはそれからいちども会っていないのだけれど、まだ籍は抜いていない。

トヨタの彼は小柄なひとだったので、着なくなったウェアをあげますよとか言われてやりとりしてるうちに、愛知に遊びに来ませんかと誘われたのだった。ゴールデンウィークにあわせて往復航空券が送られてきて、名古屋の空港まで迎えに来てくれて、彼はマウンテンバイクに熱心だったので、一緒にコースに行って仲間に紹介してくれたり。そうやって楽しく遊んでるうちに、名古屋がすごくキラキラに見えてきた。だって汚いクルマも走ってないし。名古屋の豊かさにクラクラきたのだった。

それが2002年のことだったから、豊田にはけっきょく10年ちょっといて、一昨年からはその家も出て、でもやっぱり名古屋の郊外で、この年になって生まれて初めてのひとり暮らしをしながら、いまは求職中だ。生活はなかなか大変だけど、時間だ

BAPE

けはたっぷりある毎日。

豊田での生活も、20代の札幌のように専業主婦だった。彼はすごく優しかった。休みはどこでも連れて行ってくれて、冬はスノーボードだし、ほんとにいいひとだった。

そんな彼がある日突然、「ずっと帰ってないし、たまには東京に遊びに行ったら」と言ってくれた。私が名古屋で退屈してると思ったのだろうか。旅費を出してくれて、万が一のためにキャッシュカードも持たせてくれて。その東京行きが運の尽きだった……。


いちど東京に行ってみると、やっぱりまた遊びに行きたくなるから、「今度は自分のお金で行きたいので、わたし働く」と。彼は働くのがいいことだと思ってたから賛成してくれて、コンビニでバイトを始めて、旅費を貯めては東京に遊びに通うようになった。

当時、ニセコの庭師の夫は写真を始めていて、最初に東京に行ったときに、写真のブログで知り合った東京のカメラマンを紹介してくれて、会ってみたらすぐに仲良くなった。そしたらそのひとに「社会科見学しない？」と言われて、連れて行かれたのが渋谷のハプニングバーだった。

私はすぐにハプバーの虜になって、元旦の1月1日にも東京にいて、彼に連れて行ってもらっていた。「そんなにセックス好きなら、男を用意しておくから接待してやる」と。そのカメラマンはバンドもやってたので、六本木で年越しライブをやったあと、渋谷のハプバーに直行。夜中の2時に到着して、その日のうちに15人くらいのひととセックスした。

その店のヤリ部屋は白い内装なのに、「男たちで肌色の床だった」と言われたくらい。連れてってくれた彼は、「やったやつがそのあと全員、おれに『ありがとうございました！』と挨拶したのが最高におかしい」と。こんなおもしろいことがあるのか！と私は思って、あんまり楽しかったので翌日（1月2日）にもひとりで再訪。そうやって2009年には一年間で36回も行くことになった。

名古屋から東京に通って、金土日行くのは当たり前、オープン15時からクローズの3時までいるのも当たり前。お客さんがいないと、スタッフがご飯食べに連れてってくれるときもあったけれど、基本、最初から最後まで店にいた。「ハプバーではお酒は飲まない」という自分ルールも決めた。お酒を飲むと、セックスのクオリティが下がる気がしたし、酔っ払って気持ちいいのか、この男が気持ちいいのか、判断できなくなるのが嫌だった！

それだけ長時間、店にいたら当然お腹も減る。だからといって着替えて食事に出かけて、また脱いでというのも、リスタートに時間がかかってしまう。お腹いっぱいで、カウンターでだらだらするのもありえないし。体力使って、空腹で「ハンガーノック」（激しい耐久競技で極度の低血糖により、からだが動かなくなる現象）になるといけないからと、編み出した技がウィダーインゼリーを持ち込んでの10秒チャージ！ロッカールームに隠していたゼリーをこっそり摂取していたのを、スタッフに見つかったこともあったが、「あの子はプロテイン飲みながらやってる」と噂になって、かえっておもしろがられた。そのころはほとんどスポーツ選手のような、アスリート系のセックスが私の基本。

ハプバーでのセックスは、ようするにレジャー感覚だった。好みなんか、どうでもいい。顔すら見ないまま、後ろから突っ込まれたりとか、ぜんぜんOKだったし。で、あるとき始まったのが、通称「撃墜マーク」。一発終わると店のスタッフが腕に「正」の字を書いてくれて、その撃墜マークの最大記録が一日で26人だった。常連はまずその「正」の字を見て、「お、今日は何人か」と。知らないひとにも聞かれて、こうだよと説明してあげると、話が早かった！「この店、よく来るの」とか、どうでもいい話をしなくていいし、そんなことには興味ないし。トイレやロッカールームを待ってるときに聞かれて、説明すると「あ、じゃあ行きましょうかね」で始められる。そういうひととは人間関係も感情が絡まなくて、気持ちが楽だった。

そういえば、ハプバーにはオフ会もあった。常連だけの。小さな旅館やロッジを借り切って、バスをチャーターして、基本は混浴！ 海水浴とバーベキュー。旅館にはヤリ部屋が設けられた。集合場所はいつも渋谷Bunkamuraの裏手で、バスには「渋谷を愛する会」と書いてあった。

ハプバー通いは2〜3年続いたと思う。トヨタの彼は、東京で私が遊んでるのは知っていたけれど、ハプバーとは思わなかったろうし、自分で稼いだ金だしと大目に見てくれていた。

そのうち大泉りか（官能小説家）に誘われて、当時新宿ロフトプラスワンで彼女が主宰していた「ヤリマングランプリ」に誘われたのだった。たしか２０１１か12年のこと。イベントのなかで、「ヤリマンの友達はみなヤリマンだ」と始まった「ヤリマンショッキング」という友達紹介コーナーがあり、そこに登場。初めて人前で経験を話したのがきっかけで、いろんなイベントに出たり、雑誌にインタビューされるようにもなった。

ヤリマン・イベントなどに出ているうちに、あるときAV監督の二村ヒトシさんと知り合った。二村さんは有名な読書コミュニティの「猫町倶楽部」に招かれていて、一緒に遊びに行ったら主宰者と意気投合。いきなり「猫町アンダーグラウンド」隊長に就任することになった。そこから現在3年。いまではアンダーグラウンド系の本を選んでの読書会を年に3〜4回、ロフトプラスワンで開催している。

「君は読書会に出会って、ヤリマンが治ったね」と二村さんに言われたことがある。名古屋にもハプバーはあるけれど、ここは生活の場だし、なにかあっても困るので、名古屋では遊ばない。東京だったら、いまでも街を歩いててナンパされたら、それがどんな男でも時間さえあれば100%ついていくけど、名古屋ではちゃんと断っているから。

アバクロンビー

◎38歳男性
◎アパレル会社勤務
◎岩手県出身

小学校低学年のころリカちゃん人形を裸にして遊んでいたら、家族に目撃されヤバいと思われ、家族会議にかけられた。しょうがないので、こっそり自分で少女漫画を描き出すが、高学年で才能がないことを自覚し、漫画の参考に買っていたファッション雑誌から洋服に興味を持つ。

当時のブームはアイビー系とストリート系、藤原ヒロシの影響が大きい。そこからクラブ雑誌、特に『remix』を愛読しつつ、当時の英語教師（黒人）がかわいくてストーカー的になる。その先生がダンスミュージックマニアで、ニューヨークハウスやガラージ、自然とハウスを聴くように。

18歳で上京、服飾の専門学校に進学。しかしまだゲイデビューしておらず、なんと彼女もいた。卒業後はアパレル会社に就職して、裏原バブルの恩恵を受ける。同棲していた彼女と結婚の話が出たときに、おかまとして生きていく決心をして、27歳ぐらいからゲイカルチャーにどっぷり。初めての彼氏とは、ネットで知り合った。激ハマりして200万以上貢ぐが、ちょうど仕事の忙しさも加速してきて、このままじゃダメになると彼に見切りをつけた。現在は、アパレル業で安定した生活を送りながら、10歳年下の彼氏と楽しい毎日。

初めての彼氏が、うちに泊まりに来たときに置いていったTシャツがこれ。衣替えのたびに捨てようと思うが、メモリアル感が強すぎて捨てられない。それを見て、最初の辛かった恋の思い出を忘れないようにしてる。自分では着ないが、たまにニオイは嗅ぐ。

ネズミ講

◎31歳男性
◎半野宿会社員
◎佐賀県出身

小学生のころ、教師からはじめて教わったことは「人から言われて嫌な事は人に言わない」だった。教わった事を実践するため、自宅に帰るなり鏡を用意し、寝るまで鏡越しの自分に向かって「馬鹿」だの「死ね」だのを日々連呼し、自分自身に耐性をつけた段階で友人に浴びせてみた。

友人は泣き、叱られた。

中学生の頃、校内で乱闘騒ぎがあり、暇だったので傍観していた。「見ているだけでもイジメです」との理由で反省文を書かされた。

『人間社会の成り立ちは闘争の歴史であり、戦争行為も法律で規定されているということは、人間の本質的な因子の中に暴力は組み込まれており、そこに勝者と敗者が介在するのはイジメる遺伝子を持つ人間とイジメられる遺伝子を持つ人間がいるからであり、抜本的にイジメを根絶するためには道徳ではなく、人類全体の遺伝子治療が必要だ』という旨をしたためて提出した。

自分一人が別室に呼ばれ、道徳の洗礼を受けた。

色々なことにモヤモヤしていた時期にアドルフヒトラーの本を読み、「わたしは間違っているが、世間はもっと間違っている」という言葉に触れたとき、「これだ！」と思った。世の中は「正しい事」がデフォルトではなく、「間違っている事」がデフォルトなのだと。そう思うとモヤモヤは消え、スカッとした気持ちになりながら、「いざとなれば◯◯のダクトに◯◯gの◯◯を投入すれば、空調を通して全員死ぬ」という物思いに耽りながら、毎日をやり過ごす日々だった。

時は流れ、今は年に30泊程度野宿を愉しみ、そこから得た事をカタチにする仕事をしている。自然志向といえば聞こえが良く、体も心も浄化されるイメージであるが、人間そうは変わらないもので、テントの中で「アンダルシアの犬」を観ながら夢現になったり、配管を見ると毒ガスの事を考えたり、大自然の中で生活している時も自分の核はここにあるのだと、改めて考えさせられる。

そんな時にこのTシャツは現れた。

アレイスター・クロウリーの『魔術は最上かつ最も神聖な自然哲学の知であり、事物の霊的な隠秘の美徳に関する正しい理解により、その作業と驚嘆すべき操作は高等なものである。したがって、真の動作者が適切な受動者に適用されるならば、新奇で見事な効果が生み出されるであろう。

そのため、魔術者たちは該博で勤勉な自然の探求者なのである。彼らは、自らの技量により、卑俗な者には奇蹟としか思われない効果も予測する術を心得ている。』──という引用文に感化され、生涯の己の方向性に輪郭がはっきりと肉付き始めた時期だった。

調子に乗って2枚購入し、1枚を取引先の社長に贈呈したら、大層お気に召されたようで、会社に額装してくれたという。

あるときは道端で外国人に「そのTシャツの意味はなんだ?」と聞かれたので、「One for all, all for one.」と適当に答えたら満面の笑みで、そのTシャツを大事にしなさいと言われた。

またあるときはライブハウスで、たまたま来ていたZAZEN BOYSの向井秀徳に売っている場所を聞かれた。思いの外コミュニケーションツールとして、ど根性ガエル以上のクオリティを誇るTシャツだったのだ。

このTシャツに書いてある言葉はネガティブなイメージを想起させるが、着ていることでネガティブさを被った覚えはない。

間違っている世の中に対して『もっと間違っている』自分を体現してくれているようで、まんざら悪い気もしない。

しかし世の中がネズミ講を正当化し、世間のデフォルトとなる時代がくれば、それがこのTシャツを捨てる時だろう。

それまでは特に愛着もせず、付かず離れずの関係で着続けていきたい。

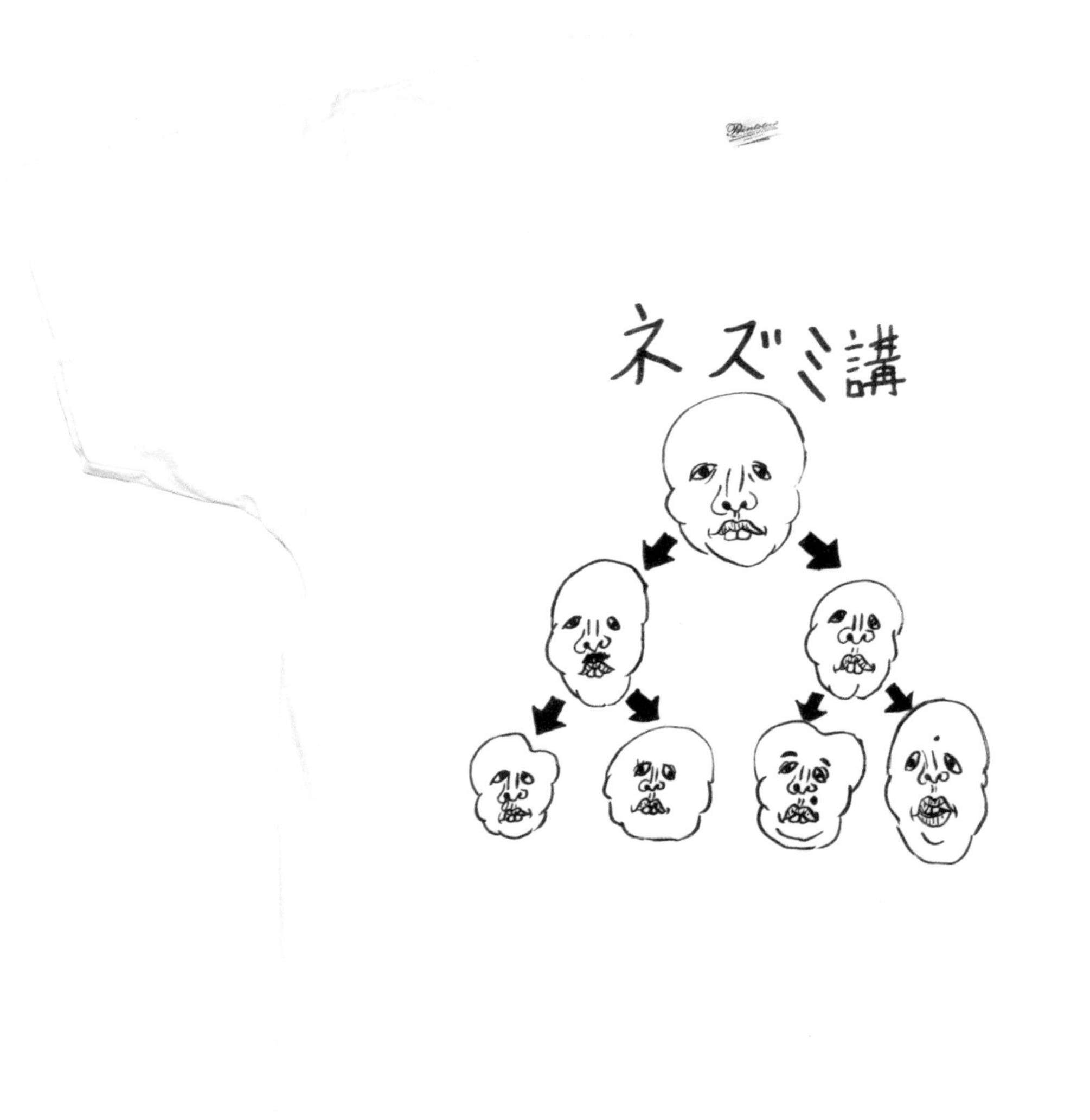

ネズミ講

ミスター・ピーナッツ

◎61歳男性
◎自営美術
◎東京都出身

昭和38年（1963年）、東京オリンピック前年に建てた木造2階建ての実家をじき取り壊す。

同年そこに越すまでに都内3カ所を経て行き着いた場所で、8歳から20代半ばまで断続的な出入りを繰り返しながら過ごした家だ。

1階奥1部屋と2階4部屋は6畳一間風呂ナシの賃貸アパート構造で、建ってから10年間ほどは人に貸していた。

その10年あまりの間には、酔うと真夜中にハイウェイスターを絶叫する四国出身の大学生や、画家志望の無口な男、神田川丸出しの若夫婦、マルチーズを何匹も飼う元祖ブリーダーおばさん、宇和島出身の寡黙な独身中年作業員など、様々な事情を抱えた人々が出入りを繰り返した。

その後、時代変化に伴う借り手の減少から空部屋が増え、自分が美大に通うころ（1975年）には陽当たりのいい2階角部屋は、初の個室アトリエ兼寝床となった。

美大後半（1980年前後）は専攻する油絵科にはあまり通わず、版画設備の充実するデザイン科に出入りしてシルクスクリーンやリトグラフ作品を作るようになっていた。

ある日洋書サマーセール会場で写真満載の「アメリカンピンナップヌード集」を安価で手に入れた。シルクスクリーンになにかしら使えるだろうと思った。「正座して笑顔を向ける50年代のヌード嬢」の小さなモノクロカットを中に見つけた。デザイン科の工房でそれを複写し、ヌード嬢頭頂部から膝部まで60センチほどに拡大したフィルムから版を起こして、何枚も刷った。蛍光レッドで刷った1枚を切り抜いてF30号（91×72・7㎝）サイズのキャンバス中央に貼ってみた。シルクスクリーン印刷による「蛍光ヌード」と手描きによる「背景」を組み合わせてみようと思った。

6畳間でたやすく完成するはずだった合体絵画は長らく混迷を極めた。描いても描いても己の無能加減が増すばかりで、背景部分は繰り返しのエナメル塗料の塗り重ねから厚みを増していった。

手を加えるほど益々ヒドさを増し自己嫌悪に落ち込むばかり、ラチあかず部屋の隅に放置した。

それから2年あまりが過ぎた。就職もしないままそこに居続けて、『自然と盆栽』という雑誌のカットを請け負うようになった。定期的に大宮盆栽村に通い、写真では伝わりにくい枝や根の剪定イラストをその部屋で描きながら、相変わらず「自分の作品」を作り続けた。

ある夏の日、放置したままだった合体絵画を見つけ再挑戦衝動を覚えた。改めて壁に立てかけると描いていたころがジワジワと蘇ってきた。

MR. PEANUT
MR. PEANUT
PLANTERS
Cocktail
PEANUTS

時間の経過から細部を忘れてしまった効用なのか、結構イケるのではないか?と思えてきた。

まったくのゼロからやり直すつもりで、キャンバス上下をひっくり返して壁に立てかけた。

曖昧だった画面にピントが合ったように思えた。

あと少しほんの少しだけ、なにかが加わればこの絵は完成すると思った。

その「なにか」がわからない。もどかしさの中、「今の自分を加えよう」と思った。

今の自分を象徴するなにか? 少々バカげた軽いものがいいと思った。

Tシャツ胸元の「ミスターピーナッツ柄」が目に入った。これはいま一番のお気に入り、これを描こうと思った。急いでTシャツを脱ぎ、それを壁に画鋲で留め、手元のエナメル塗料で一気に仕上げた。

それまで経験したことのない手応えがあり、少しだけ先が見えたように感じた。

あの時コレを着ていなかったら?と時々考える。

絵具のこびり付いた扇風機が回る真夏の6畳間とエナメル塗料のシンナー臭、このTシャツを見るとあの絵を仕上げた日の夕方が鮮明に蘇る。

ベルベット・アンダーグラウンド

◎55歳男性
◎デザイナー
◎神奈川県出身

1961年生まれ、ホコリまみれの公害も激しい川崎で小学2年まで育つ。川崎競馬場の焼き鳥屋で捨てられた串を拾って虫かごをつくり、競馬場にいるバッタを捕まえてその中に入れ、負けた人に売っていた。その稼いだお金でベニヤ板を買った。なんてかっこいいんだと思って集めていた。

小学校の途中で母親が原因不明の病気になり、治療のため静岡に引っ越す。父親は病院の近くに住み、ひとつ上の姉と自分は母親の実家で、爺ちゃん婆ちゃんと中学まで暮らした。地域や学校にあまり馴染めず、一時は登校拒否にもなりながら小学校時代を送り、中高一貫校を受験したが、でもその学校もあまりおもしろくなかった。

ただ、そのころからアニメーションにハマった。ラウル・セルヴェ、ジョン・ハブリー、テックス・アヴェリーなど、ハリウッド・カートゥーン黄金時代の作品が大好きだった。実は静岡には、アニメの伝統的なサークルがあったり、世界のアニメ史に精通する人がいたりして、そういうところに出入りするようになったから。同人誌で調べて静岡でやってるアニメの上映会にも通い、『スーパーマン』や『ベティー ブープ』を観て、すごく感激したのを覚えている。

15〜16歳のころ、読んでいたアニメサークルの同人誌の制作や上映会を手伝うようになった、東京の団体だったので、1時間半ぐらいかけて通い、下版作業を担当。サークル内で自分は最年少だったが、なぜかいじめられやすい体質で、けっこう泣かされた。そのころ、すごく仲良かった友人が自殺してしまい、それで毎日が暗くなって布団に篭ったりもしていたが、「版下作らないと!」と自分を奮い立たせていた。

そんなことをしているうちに、高校がつまらなくなって1年からあまり行かなくなり、2年の終わりでやめてしまう。当時の生活は、同人誌の入稿時期になると東京に出かけ、サークルの先輩の家に泊まらせてもらい（長いと3週間ぐらい）、印刷所に入稿したら実家に戻るという日々。親は当然、困っていたと思うが……。

ただ地元でもややこしいことが起きていて、死んだ友人の親というのが実はヤクザ関係で、自分のことを養子にほしいと言い出した。自分の親は当然認めなかったが、友人のお母さんの落ち込みが激しかったので、子どもながらに一緒にいてあげなきゃと思い、その家に詰めるようになった。六本木に事務所があり、そこにも連れ出され、お母さんとパチンコしたり、一軒家の絨毯バーに行ったり……。そのうち仕事の現場にも連れて行かれるようになり、ヤバい……このままではホンモノになってしまうと気づき、その生活から逃げ出す。

居所をわからないようにするため、17歳のころから東京でひとり暮らしを始める。手に職をつけないとヤバいと思い、もともと出版が好きだったから、印刷所や取次、写植屋などで転々と働き始める。なんとなく学校にも行こうと思って選んだのが美学校で、そこで赤瀬川原平さんの授業を受ける。1円で領収書をもらってこいとか、宿題らしくない宿題ばかりだったが、ものの見方などほんとうに勉強になった。ちなみに「超芸術」に「トマソン」と命名した現場にも立ち会った。

その美学校で年上の同級生に、実は大ファンだったイラストレーターがいて、その人のアシスタントをさせてもらうようになる。ただアシスタントだけでは食えないので、出版社をいろいろと紹介してもらい、徐々にライターや編集補助、版下の仕事をするようになった。20歳になるかならないかのころだった。竹書房で豪華本のシリーズの仕事（『美空ひばり伝説』とか）をしていたら、近所のデザイン会社の社長がやってきて、版下作業などが得意だったから使えると思われたのか、なぜかその人の会社で働くことになった。それで１９８１年ぐらいから、その会社でやっていた雑誌『写真時代』のデザインを担当するようになる。全１２８ページのうち、１２０ページは自分がやっていた。『写真時代』の仕事はすごくおもしろかったが、編集者のラフを勝手に書き直したり、写真の使い方に口出ししたりするので、喧嘩ばかりしていた。それは、絶対にこっちのほうがおもしろくなるという信念があったから。『写真時代』はけっきょく、発禁になる１９８８年までずっと担当していた。

そのころになると、あまりにも仕事が忙しく、多いときには合わせて月に１０００ページ以上やるときもあった。ちょうどバブルになるころだが、家には週3日くらいしか帰れないし、ガールフレンドとも何人も別れてしまうし、とにかくピリピリしてる自分に疲れ果て、26歳のころ会社を辞める。そのあと1～2社、デザイン会社で働いたのちに独立。もともと書籍の装丁がやりたかったので、ゴールデン街で知り合った社会系の出版社などの仕事を受け、順調に仕事も増えた29歳のころ、長野でサイクリングをしているときに事故って両手を骨折。これはＭａｃを入れるしかないと思ってⅡciを導入、部屋以外に事務所も借りた。スタッフも仕事も増えてとにかく忙しくなり、さらに忙しすぎて税金もうやむやな状況が続いてしまい、これはもうマズいと思い、独立から6年後に法人化した。

こんな調子だが、あと20年は仕事を続けたいと思っている。アイデアはまだいくらでも思いつくし、仕事も速いし、ちょっとはキレなくなってきたし……。

編集者／評論家の高杉弾が宇田川町に開いていた「トライアングル」という店で見つけたベルベット・アンダーグラウンドのＴシャツ。１９８７〜88年ころに買ったと思う。いまでもあのころの時代がいちばん好きで、バブルに突入してしまうと自分が浮いている感じがする。ほんとうに気に入っていて、２０００年ぐらいまではふつうに着ていたし、穴も開いてるが、いまでも捨てられない。

荒川銀河野球団

◎36歳男性
◎会社員
◎神奈川県出身

生まれが神奈川県茅ヶ崎市で、近くに海がありました。その後の住環境においてもけっこう影響していて、都内の中でも「空が広く見えるところ」を探して住んでます。

小学校の低学年から野球好きで、巨人ファンでした。代走専門の栄村忠広とか、シュートが得意な二軍の最多勝投手・松谷竜二郎とか、クセのある地味な選手が好きでした。

小学校4年生の時に、地区の少年野球チームに入りました。でも、通ってた学区のチームは人数が多くて、スタメンになれなそうだから、隣の学区のチームをわざわざ選びました。最初の試合はユニフォームが間に合わず、アンダーシャツで出場。初打席は死球。どうせ二塁までボールが届かないだろうと思って、足も速くないのに二盗三盗。親がコーチから「お尻が大きいし盗塁もできる、プロ選手の体型だ」と言われて心底嬉しかった。傍にいたのに、聞いてないふりをしたのを覚えてます。初めての背番号は4番でショートのポジションでした。足も速くないし、背が低いだけで機敏でもないから、すぐにコーチからも目をかけられなくなりました。

中学受験をすることになって、日曜に授業のある塾の関係で、小5のある時期に少年野球を辞めざるを得なくて、泣いたのを覚えてます。でもその頃には、「将来なりたいもの」の作文で野球選手って書くけど、かなり自覚的に子供なりに、そう書いたらなんかいいかんじだろうって思っていたくらいではありました。本当はスポーツ新聞の新聞記者になりたかった。

中学でも、高校でも、大学でも、野球はやってません。競争相手が多いジャンルはやりたくないと思ったからです。そのかわり自分の好きなジャンルの、自分が好きなところを、自分だけのやり方で伝えたいと思いました。スポーツの表現で言えば、中学高校の時に中田潤さんや藤島大さん、永沢光雄さん、ターザン山本さんのロマンチックなスポーツノンフィクションに触れたことが影響していると思います。

このTシャツは大学卒業してすぐに、同級生たちとつくった草野球チームのTシャツです。みんな取り立てて野球が好きだったわけじゃないから、たぶん、集まる理由が欲しかっただけだと思います。その時、北千住の荒川の土手沿いに住んでいて、こんなに気持ちがいい場所は、茅ヶ崎の海以外知らないなと思うくらい、お気に入りでした。高い建物もないし、人がのんびりしているし、穏やかだし、なにより水が流れている。夜の首都高を行きかうトラックもいい景色でした。「ここで、草野球やりたいな」と思ったのが、きっかけです。

結果、対外試合を一試合やっただけで、自然消滅しました。その仲間とも、今では数人程度としか仲良くやってないです。ホームページもつくって、選手名鑑とか練習の記録をつけたりしたんですけどね。ユニフォームをつくるにも至らなかった。覚えているのは、唯一の対外試合の時に、自分は控えだったこともあってか、自軍選手がバッターボックスに歩いて向かう間に流す出囃子を、勝手に選曲してコンポで流したのが面白かったこと。

このTシャツは部屋着です。あれから10数年着てます。ロゴを描いた奴は今、陶芸家になっていて、今でも親友です。いつか、またお互いの子供と野球する時に着れたらいいなって、今書きながら思いました。それと、まだ僕のお尻は大きいままです。

九州芸工大準硬式野球部

◎52歳女性
◎不動産管理
◎福岡県出身

博多のど真ん中で生まれ育ち、九州芸術工科大学（現在の九州大学芸術工学部）に進む。昔からメカ好きで、専攻は工業設計。卒業後は自動車メーカーに7年間勤務、そのあと京都のギャラリーに7年間勤め、現在は実家の保有する不動産管理を担当している。楽な仕事だろうと思って地元に帰ってきたが、意外と重労働……。水漏れとか鍵の紛失とか、細かすぎる対応にせこせこ働きまくる毎日を過ごしている。

子供のころから野球好き、西鉄ライオンズ時代から覚えているほど。自分でも少しソフトボールをプレイしていて、大学では準硬式野球部のマネージャーに。「準硬式野球」とは軟式に近いボールを使用し、ルールは硬式のまま行われる日本独自の野球スタイル。大学チームを中心に現在もプレイされていて、七帝柔道のようでもあるが、このTシャツについて話すまで、準硬式がそんなにマイナーとは知らなかった。

九州芸工大準硬式野球がこのTシャツを作ったのは、1986年、自分が2度目の4回生やってたときのことだ。デザインは部員のひとりが担当（「KID」は芸工大の略称）。当時の部員15〜20人ほどに配られたが、いまだに持ってるのは自分ぐらいだと思う（だから世界に1枚しかないはず）。いまから30年近く前のTシャなだが、2〜3回しか着てないから、黄ばみもなくきれいな状態。というのも、地がHANESだけに、洗うとすぐヨレヨレになってしまいそうで汚したくなかったから。自分にとっては思い出とともに捨てられないTシャツである。

RUSSELL

◎38歳男性
◎出版社勤務
◎群馬県出身

とにかく大学に入るまでは文化的な素養はまったくなし。男子校だったからガールフレンドもいないし、そもそも女子にも恋愛にも興味がなく、近所の友だちとどうでもいい話をしているだけの、ボンクラな日々だった。だから大学生になってひとり暮らしを始めて、すべてがカルチャーショックだった。

その中でも、池袋の『ぽえむぱろうる』（詩集専門の書店、すでに閉店）は衝撃的で、自分のまったく知らない世界があることを知った。大学2年生のとき、なにも知らずに入って魅了され、直感的にバイトを始める。このバイトで自分の人生は大きく変わった。給料はあまり良くなかった（というよりかなり安かった）が、その代わりにバイト中に本を読んでいても怒られなかった。結局大学時代の大半をそこで働いた。

卒業が近づいても、就職が決まらず、とりあえず古本屋みたいなところでバイトしているときに、ぽえむぱろうるの経営をしていた出版社が求人を出していたのを見つけ、そこの営業部で働くことになる。居心地は良かったし、わりと早く帰れたので、夜は映画を観たり本を読んだり、趣味の時間に費やすことができた。

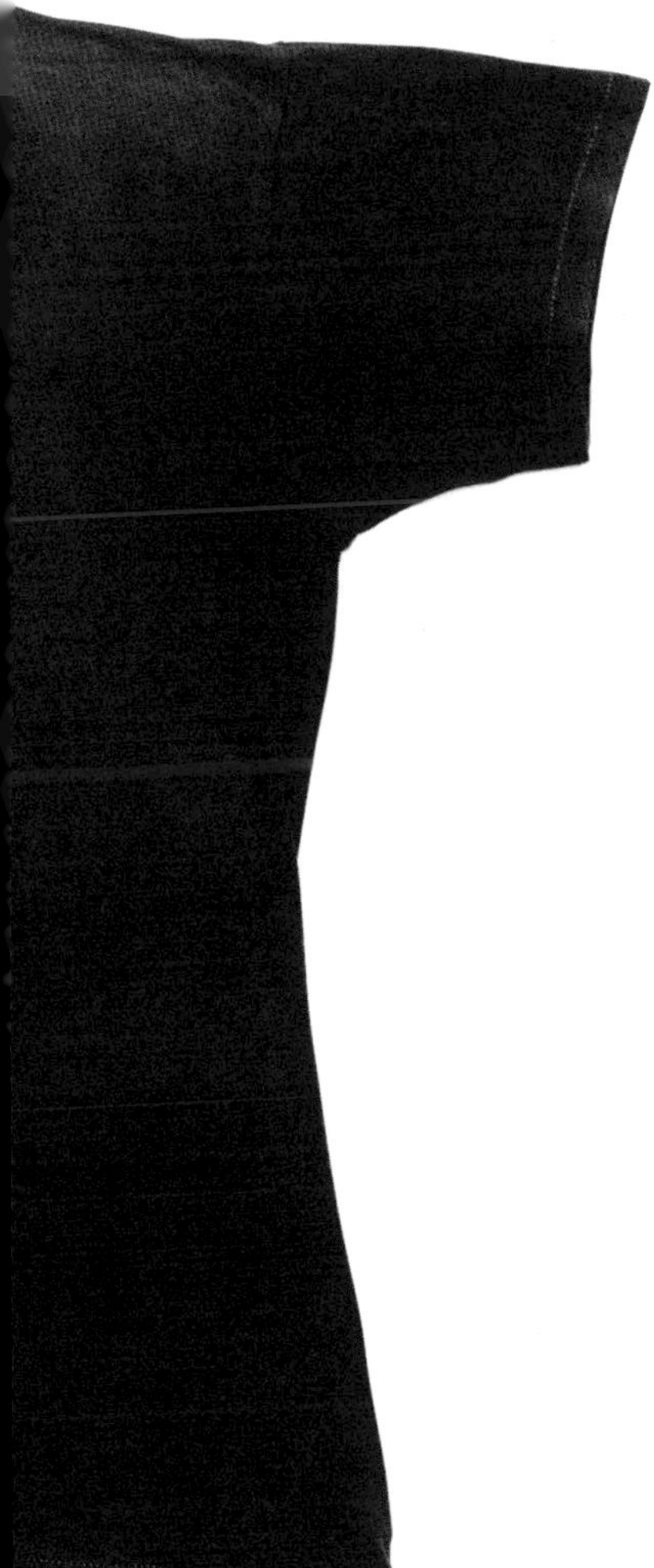

結局7年間働いたが、仕事の一部でもある肉体労働（段ボール200個をひとりで運んだり）に体がついていかなくなり、もっと営業としての仕事を充実させたいとも思っていたので転職、いまの出版社の営業部に入る。仕事は忙しくなって帰る時間もぐっと遅くなったけれど、これまでと違って「売る」ために頭を使う作業が大半だから、まったく苦にならない。

Tシャツは RUSSELL というメーカーの古着。18歳のころ、高円寺の古着屋で購入した。「古着なんて、そんな汚いもの着て」とか言われるほどの田舎だったから、大学に来て自分の好きなことをしていいのかもしれないと思ったときに、古着屋に足を運び自分の趣味で選んで買ったのだった。

そのころの気持ちを忘れかけると寝間着になったりするけれど、当時の気持ちが甦ると思わず着てしまう、いまも勝負服的な一着。

UNITED
MACHINE

HOOTON 3 CAR

◎39歳男性
◎建築家
◎広島県出身

高校のバスケ部の顧問をしていたのは、当時26歳ぐらいの若い先生。かなり変ったひとで、ずいぶん影響を受けた。先生が教えてくれたSnuffをきっかけにパンクにハマったし、初期のパンクも復習するように聴いた。

昔から絵を描くことは好きだった、でも下手くそだった。あるとき「人間工学」という言葉を知り、アーティスティックなのに理屈があるじゃんと思った。幾何学や理屈は得意だったから、数字で絵が描けるというのは自分に向いてると思って、大学は建築学部に進学する。

初めての一人暮らしが楽しくてまったくホームシックにならなかったし、歌舞伎町のにんにく料理屋で初めてのバイトも始めた。あとはライブ。初めて行ったのは、先生に東京に行ったらまずはこれに行けといわれた新宿JAM、イギリスのバンドBroccoliとHOOTON 3 CARの対バンだった。当時20代のバンドで、海外から来てるのにハイエースで全国をまわってツアーしていた。音はもちろんだけど、そういうDO IT YOURSELFな精神も最高にかっこいいと思って、もっといろい

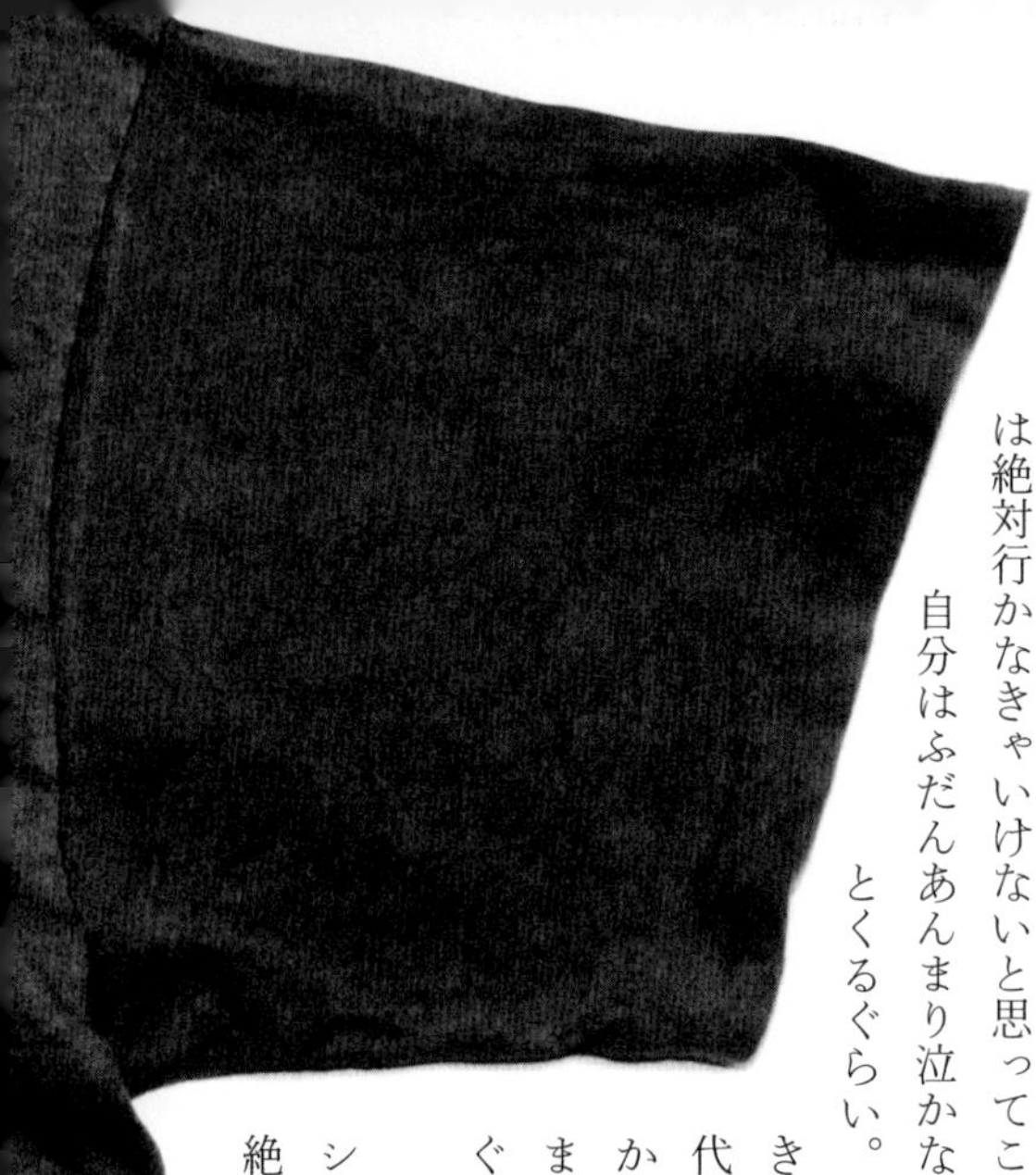

ろなバンドを見たいと、それ以降ライブは自分の最優先事項になった。

卒業後はいくつかの設計事務所で働いて、29歳で一級建築士の資格も取った。ときにはゼネコンの出稼ぎ仕事をしたり、ときには終電で帰れない日が続き行きつけのバーで「25時からの男」と呼ばれたりもしたが、5年前に独立。いまは十条に自分の設計事務所を作って、やっと、自分ひとりで縄跳びを飛び始めた感じがする。

初めて行ったライブで、初めて買ったバンドTシャツがこれ。ほんとうはBroccoliのTシャツが欲しかったが売り切れていて、買えるのがこれだけだった。とはいえお世辞にもあまりかっこよくないデザインで、家では着るけれど外では着ていなかった。でもこのあいだ、そのBroccoliが再結成して日本でライブをすることになり、これは絶対行かなきゃいけないと思ってこのTシャツを着て行った。

自分はふだんあんまり泣かないタイプで、泣ける映画を観てもグッとくるぐらい。でもこれを着てBroccoliをまた観たときに、自分も年を取ったし、向こうも40代の太ったおっさんになって見る影もなかったけれど、でも演奏し始めたら昔のまんまで、気がついたら初めて嗚咽するぐらい泣きながら、右手をあげていた。

いままでは腐れ縁的に捨てられないTシャツだったけれど、ほんとうに大事で絶対に捨てられないTシャツになった。

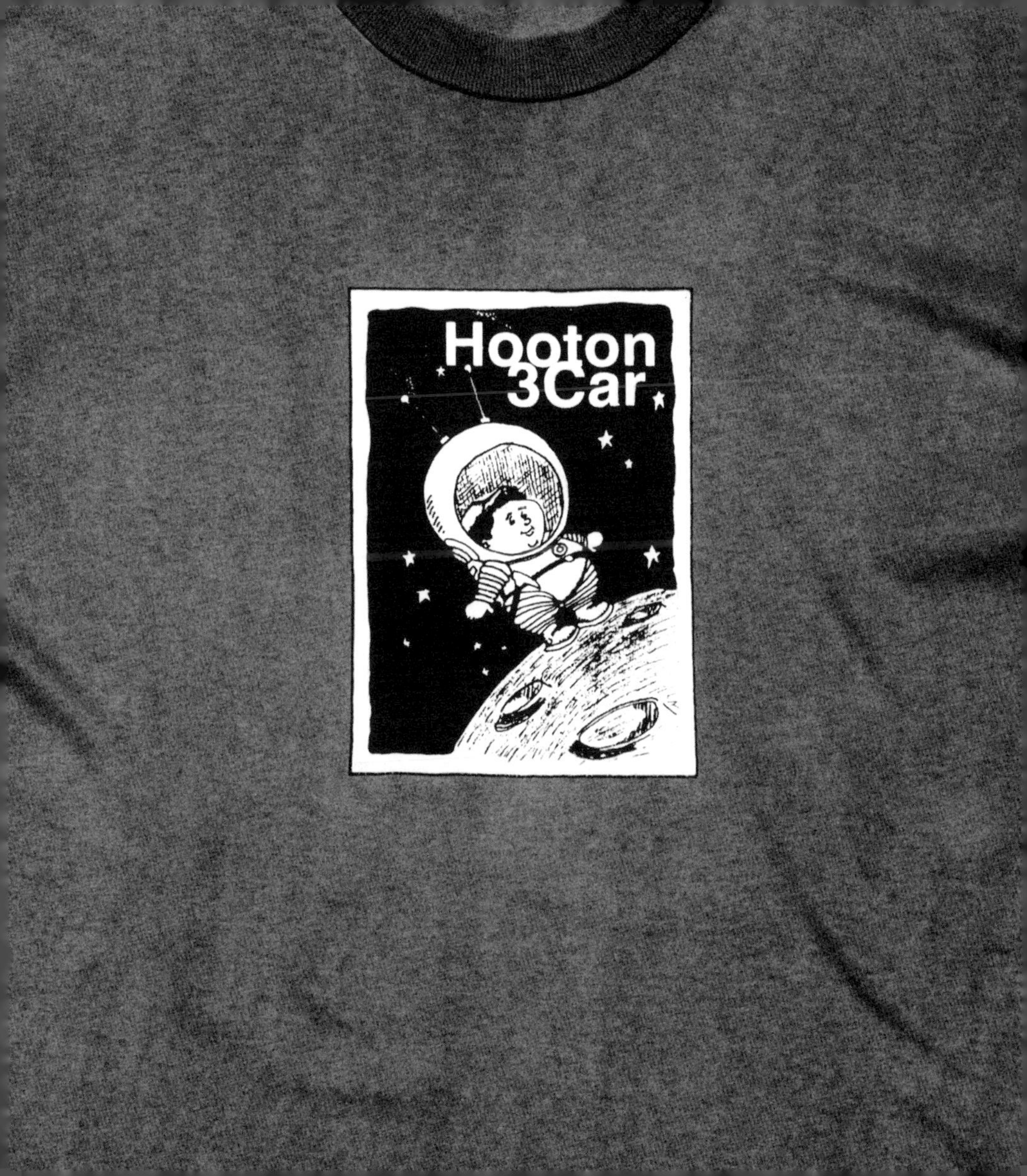
Hooton
3Car

川崎ゆきおの「ガキ帝国」

◎54歳男性
◎音楽評論家
◎兵庫県出身

神戸生まれ、神戸育ち。小さいころから引っ越しの多い家庭で、覚えているのは幼稚園のころに住んでいた西宮あたりから。近くでガス爆発があり、父親が嬉しそうに見に行ったのを記憶している。そのころから本が好きで、住んでいたボロ屋に台風がきても、屋根修理の傍らロウソクで本を読んでいるような子どもだった。

小学生になると三宮近くの市営住宅に越し、そこで卒業まで過ごす。大安亭市場の近くの大変ガラのよくない場所で、クジラの解体場がとてつもない異臭を払っていた。

高学年のころから、ラジオをきっかけに音楽や映画に興味を持つように。当時は洋楽が流行っていたので、バラエティ番組でもパーソナリティの浜村淳とか桂春蝶、桂枝雀、笑福亭仁鶴が、いなたい発音で「カ〜ペンタ〜ズ〜」とか紹介して、それを聞いてかっこいいなあと思っていた。T.レックスやビートルズもそこで知った。ラジオで聞く音楽は両親が寝静まったあとのパーソナルな時間で、努力してたどり着いたような、自分しか知らない特別な感じがあった。

中学生になると両親が離婚、自分は母親についていくことにした。22歳のときの子どもなので、母親も当時はまだ30代半ば。きっと自由を謳歌したかったはずだから、子どもにはついてきてほしくなかったのではないかと、いまにして思う。ずっと水商売をしていた母親で、何人かいるボーイフレンドからも影響を受けた。『あしたのジョー』を読んでないといえば全巻もってきてくれたし、たまにビリヤードに連れて行ってくれたり、すごく楽しかった。たぶん友達もいたとは思うのだがほとんど記憶になく、山上たつひこの『喜劇新思想大系』を貸本屋で何度も借りたとか、自分ひとりで遊んでいたことしか覚えていない。

学校は中高一貫校で、板宿というところにあった。高校生になると、サボりたいときには須磨駅まで電車で行って、駅前でコロッケとビールを買って海辺で呑んで、それから名画座で三本立てやATGを観て時間をつぶしていた。いまとほとんど変わらない生活で、かなりボンクラな時代だったが、高2の終わりぐらいから京都に遊びに行くようになって、はじめて女の子と付き合ったりする。そのころが自分の転換期で、パンク・ニューウェーブ全盛期だったから、とにかくライブに行くようになった。フリクションとか、INUとか、日本人のオリジナリティあふれるバンドが多かった時代で、サーカス&サーカスというライブハウスや京大西部講堂のオールナイトに通ったりしていた。バンヒロシさんがやってた万歳倶楽部というロック喫茶にも通っていて、そこで町田町蔵くんにも出会った。いままでの世界とは全然違っていて、自分が見たり聴いたりしてきたものについて話すということのおもしろさをそこで覚えた。

高校3年生の早い時期で就職が決まって、卒業後は実家に住みつつ働いていたが、仕事がつまらなくて2カ月で退職。すでに母親は再婚していたので、さすがに居場所がなく、滋賀県に住んでいたガールフレンドの近くに住みたいというのもあって、京都で暮らすことに。仕事は全然決めてなかったが、道を歩いていたら求人を出していたレコード屋を見つけ、そこでアルバイトを始める。20代はレコード屋を転々としながら（途中で沼田元氣さんのアシスタントみたいなこともしていた）、最初はレコード屋のフリーペーパーを作るところから始まって、『3ちゃんロック』というミニコミを作るようになった。東京でも新宿のレコード屋WOODSTOCKとか、三茶にあったFUJIYAMAというタコシェみたいなお店などに置いてもらっていた。早いというかズレてるというかミニコミ文化が全然ないころだったので、おもしろがってくれるひとが多く、本を見て岸野雄一さんなどが連絡をくれて2号目から寄稿してもらったり、ピチカート・ファイヴの小西さんが紹介してくれたりして、このあたりから書くことの比重が大きくなってきた。

私生活では滋賀のガールフレンドと別れたあとに知り合った女の子と6〜7年付き合い、25歳になるころ結婚。ちなみに当時はお金がなかったから、東京へ行くときにはふたり組でヒッチハイクしていて、年下の運転手に「兄ちゃんたち、神田川か?」なんて言われたりしていた。でも結婚するならちゃんとしないといけないと思い、母親の再婚相手が経営していたタクシー会社の経理に就職することを決めて、久し振りに神戸に戻る。京都はおもしろかったけれど、街を歩けばしょっちゅう知り合いに会うし、角を曲がればだれかが出てくる感じがちょっと面倒くさかったのだが、神戸に来たらいっさい友達がいない感覚が新鮮だった。とはいえ、いま思えば無理のある就職で、やっぱりダメで辞めてしまい、大阪にあるレコードの卸しの会社に拾われた。このころには友人のバンド、モダンチョキチョキズのブレーンなどもしていたので臨時収入があり、ヒッチハイク時代も幕を閉じた。

最初は『ミュージック・マガジン』から始まって、80年代の終わりぐらいから増えだした文章を書く仕事も軌道に乗り、30代終わりでフリーになった。最近では数冊の著作を出版し、アマゾンの順位が出るのは嫌だけど、精神衛生上には良い感じでうれしい。ただ文筆だけでの生活はちょっと苦しく、電報配達の仕事も始めている。先のことはあまり決めたくないが、これからも拠点は神戸に置いていくのだろうと思っている。

自分はTシャツをよく着る人。なのですぐに着つぶしてしまって、あまり古いTシャツを持っていない。

2012年に『なんとか なんとかがいた なんとかズ』という本をプレスポップから出した。そのトークイベントをトランスポップギャラリーでやったときに、そこの山田さんがシルクスクリーンの先生をしていて、「好きな柄をプリントしますよ」と言ってもらい、とても好きな川崎ゆきおさんが描いた『ガキ帝国』のイラストを刷ってもらった。よく考えたら今、紳助・竜介のTシャツを着ているという状況もけっこうおかしいなと思う。

ただ、世界に1枚だけかと思いきや、実はその先生の学校に来ている中学生が練習で作ったそうで、もうひとり、どこかの子どもが着ているらしい。いつか遭遇してみたいものだ。

目から手（小嶋独観子）

◎22歳女性
◎風俗嬢
◎東京都出身

1994年生まれ、東京都杉並育ちの一人っ子、父は外資系企業勤め、母は専業主婦。毎年海外旅行に行くくらいの裕福な家庭だった。

不妊治療の末に生まれてきた私は、とにかく両親に溺愛された。母は私が生まれた日からほとんど毎日、小学校に上がるまで私の成長を写真に撮っていた。父は毎朝5時前に起床して、イギリスの大学のMBA資格を取るために英語と経営を勉強、毎朝の靴磨き、筋トレして仕事に出かける勤勉で堅実な人だった。

抱っこひもで私をかかえたまま本屋で立ち読みしたり、通勤がてら幼稚園の送りをしてくれて、当時はイクメンなどという言葉も浸透していなかったから、父は地元でも珍しがられた。多忙ななかで、少しでも娘と一緒にいたかったのだろう。卓球、読書、水泳、サッカー鑑賞が大好きな父だった。

毎年家族で海外旅行に行き、父とホテルのプールで泳いだり、卓球をしていた。母親は移動中ずっと本を読んでいる父に腹を立て、旅行先でよく怒っていた。

物心ついたころから私はお調子者で、母にカメラを向けられるといつも変顔をするような子どもだった。いとこもいなかったから、親戚のあいだでも唯一の子どもとしてチヤホヤされ、それが気持ちよかった。

母は娘には学歴で苦労させたくない、高学歴高収入のキャリアウーマンになってほしかったようで、常に2つくらい上の学年のドリルを勉強させせられ、テストで満点を取るといっぱい褒めてくれた。他人に自慢できる娘を持つことが、彼女にとってのアイデンティティだったのを子どもながらに気づいていて、私は進んでクラスのリーダー的存在を目指していた。放課後には児童館に通って、たくさんの友達とトランポリン、鬼ごっこ、一輪車で遊ぶような活発な子ども。日曜日は父と釣堀やプールに行くのが大好きだった。

そんなある日、父は家族に黙って大手の会社を辞め、起業する。

私と遊んでくれなくなった。収入面でも不安定な生活の不安を、母は私にぶつけてきた。5分単位で私のスケジュールを管理し、海外旅行のたびに課せられるドリルは倍の分量になった。放課後も母と過ごすようになると、常に勉強をがんばって結果を出さないとチヤホヤしてくれない焦燥感にさいなまれ、手の指の皮を食べたり、血が出るまで爪を噛んだり、鉛筆の端っこをガリガリかじったりして父に無言のSOSを出していた。しかし父は多忙すぎて、そんな私のSOSに気づかなかった。

小学校高学年になったころ、母は乳がんになった。父は会社が傾きはじめるとともに躁鬱を患い、家族に黙って精神科に通うようになった。家も近所の、家賃の安いところに引っ越した。節約倹約は快楽だという金銭感覚の教育は、この時期に受けたと思う。冷房をつけない日が増えて、よく熱中症になった。

気がついてみれば恒例の海外旅行も、家族で写真を撮ることもなくなっていた。父はひとり、テレビでスポーツ観戦していた。私は昔みたいに元気な家族に戻ってチヤホヤされたい一心で、担任の先生が嫌いでも学級委員長になったたし、成績の良い子としかつるまなくなった。親戚みんなでお金を出しあって通い始めた進学塾は、宿題を忘れたらいちばん後ろの机の上で正座。先生は怒鳴り散らし、プリントを床に投げ飛ばすような教室で、私はとにかく怯えていた。成績が落ちるたびにクラスも下へと移っていき、リストカットをするようになった。ほんの、浅い傷。

母は乳がん治療の副作用でホルモンバランスが崩れ、ヒステリックになっていった。足音がドスドスと大きくなり、皿をわざと割ったり、塾のかばんを蹴とばしたり、目の前でドリルをビリビリに破ってゴミ箱に捨てたりするようになった。睡眠時間を削って勉強していたので、母が起こしても起きれないことがあったが、そんなときはバケツの水をかけて起こされた。ある日、寝ている私の腹にテレビを落としてきた。テレビは壊れた。その日から現在まで、私は家にテレビがない。テレビ恐怖症。

私の体もおかしくなってきて、小4で生理が来てPMS（月経前症候群）になった。処女で小学生なのにピルを毎日飲み、症状を抑えて勉強するようになった。具合が悪いと母に訴えると、そんなことくらいで塾を休むな！と怒鳴られたが、そんな私を傍観してワンセグでテレビを観ている父に腹が立った。昔はあんなに勉強してたのに、なんでお前はゴロゴロ、スポーツ観戦してるんだよって。

毎日死ぬことや、家出することを考え始め、脳内妄想するうちに乖離体験が増えた。幽体離脱した感覚。疲労と睡眠不足で、よく保健室で寝かせてもらっていた。

受験まで半年という時期になって、ついに私は喘息の大発作で入院することに。中学受験はドクターストップがかかり、母は病床で「今まで無理させてごめんね、もう大丈夫だからね」と言いながら、漢検と英検のテキストを置いて帰った。退院すると母は私にGPSを持たせ、行動を制限するようになった。

中学ではダンス部に入りたかったのが、母親に帰宅部を強いられたためにこころが荒み、勝手にピアスを開けたりするように。さすがに母もまずいと思ったのか、期末試験の成績が学年5位以内なら、週末ダンススクールに通うお金を捻出してくれることになった。ダンスはすごく楽しく、大人に交じって踊るのが気持ちよかったし、スタジオのお姉さんたちも可愛がってチヤホヤしてくれた。へたっぴでも、いるだけでチヤホヤしてくれるのは、子どものころに味わった感覚に似ていて陶酔した。

中学校ではあいかわらず優等生を演じながら、学校のパソコンで援助交際募集の掲示板や「家出少女神待ちサイト」、「前略プロフィール」で援助交際をするようになった。当時は学校のフィルタリング機能も甘かったのだろう。

ちなみに前略プロフィールとは、日本最古のガラケー専用SNS。自分に関する質問に数十項目答えて公開するサイトで、プロフィール以外にもメールボックスや掲示板を設置でき、そこで品定めした援助交際オジサンたちが、中高生と接触がとれる場だった。神待ちサイトとは、まさに家出少女のための掲示板。家出中の女の子に泊まるお家を提供するオジサンと、家出したい女の子が出会うためのSNSだった。中学生なのに、そうやって出会ったオジサンたちと3万円でセックスの相手をするようになったのは、自分の焦燥感を誤魔化せる感じがしたのと、優等生じゃない自分に快感を覚えたからなのだろう。

GPSの隠し場所を覚え、新宿や池袋が援助交際の場になった。池袋の公園の男子トイレで、全裸でフェラさせられてそのまま置いてきぼりにされて助けを求めたこととか、危険な目にもあったけど、それでも援助交際はやめられなかった。偏差値じゃないなにか、性的なものでオジサンたちがチヤホヤしてくれたから。

受験ぎりぎりまで援助交際していたにもかかわらず、高校は第一志望に入学することができた。それでも父の容態は悪くなるいっぽうで、とうとう会社は倒産した。私はなんのためにこれまで頑張ってきたのか、これからなにを目標にしたらいいか、わからなくなった。自傷行為がエスカレートして、初めての自殺未遂も経験する。援助交際はさらに頻繁になって、神待ちサイトで出会ったオジサンに家まで車で迎えに来てもらい、カーセックスして、お酒飲みながら酔っ払って高校に行く新入生になった。シラフで学校行くのがしんどくなっていた。

高校は入学1カ月で退学届を出して中退、私はそのまま家出した。家族に内緒で、夜中に家をリュックサックひとつで飛び出し、神待ちサイトのおじさんと待ち合わせしたら、なんとそのまま埼玉の、どこかわからない一軒家に軟禁されてしまった。普通のサラリーマンだったとは思うが、私は体のあちこちにタトゥーを入れられて、大量のお酒と向精神薬を飲まされて、それでキメセクさせたがるロリコン野郎だった。普通だったら「逃げて!」って思うところだけれど、躁鬱で風呂にも入らない廃人のお父さんと、歪んだ愛で私をコントロールしようとする母親のもとにいたら、私が自殺してしまう。むしろこのオジサンと一緒にいたほうが救われるかもと思ってしまった。

　児童相談所のひとが軟禁されてる私をなんとか見つけだし、保護されてそのまま児童相談所の施設送り。私は自分の判断でそのオジサンに近づいてしまったから、結局そのひとのことは訴えなかった。むしろ自分を責め続けた。自傷行為も止まらなかった。そのうち境界性人格障害と診断されて閉鎖病棟に入院、約2年間を病床で過ごすことになった。

　大学に入学してからも家庭内の環境は悪化するいっぽうだった。愛情欲求が満たされない私は、20歳で会員登録したハプバーをきっかけに乱交パーティの日々に入る。風俗勤めも始めた。「スマタ」の意味もわからないまま、勤務初日に無理やり生で突っ込まれ、それがレイプかどうかもわからないまま次第に感覚が麻痺していった。まあ、ブスではない。チェンジするほどでもない。だからといって吸い込まれるほどの美人ではない。だからリピーターさんは少なかった。ランキングに入れたことなんてなかった。ナンバーワンの子は、芸能人なみに細くて飛びきり可愛くて羨ましかったけど、もうおなじ土俵に乗ろうとするのも馬鹿馬鹿しくて諦めてた。

　成人した瞬間に、自分名義で家を借りた。家を出る直前、何日も風呂に入らないまま寝ている父に水をぶっかけ、かばんを蹴とばし、皿を割って、小さなワンセグテレビをぶっ壊し、携帯もへし折った。お父さんの書いた本もビリビリに破いて投げ捨てた。「私が子どものころ、お前が全部見て見ぬふりしてたときにお母さんにされてたのは、こういうことだから！」と言い捨てて家を出た。

　デリヘルで味わう劣等感と性への好奇心が、乱交パーティに応募するきっかけだった。最初は若いってだけでみんなチヤホヤ私のことを求めて来て、それはいままで味わったことのない痛快な気持ちだった。でも何回か呼び出されて通って行くうちに、乱交パーティのオーナーがお前はブスだ、鼻がブタみたいで手足も短いし、名前もブタに変えろ、指も短いから明日から付け爪してこい。パーティのときは原型をとどめない化粧をしてこいと指導するようになって、私も認められたい一心で従った。常連のお客さんに聞くと奥さんは元モデル、娘は私と同い年で手足が長くて飛び切りの美人らしい。あ〜、確かに私はブタだ。どんなに化粧頑張ってもブタはブタ。

チヤホヤされたくて始めた乱交が、気がついたらブタの肉便器になっていた。学校にいてもオーナーから連絡が来たら、すぐプリンスホテルに向かった。たくさん回された。客が1人でも呼び出された。それでも行ったし、お金はいちどももらわなかった。クラミジアになったときの検査と治療代くらい。こんなブタでも、使ってくれるならありがたいと思っていたから。

もう自我なんてなくなって、デリヘルで貯めてた貯金を使って韓国に行った。10日間くらい。鼻にプロテ入れて、鼻筋通して、鼻骨折させて鼻幅を狭くした。鼻の奥の軟骨を取り出して、鼻先が団子にならないように形成してもらった。全身麻酔だった。麻酔が切れたあとは大変だったが、脳内に響くオーナーの「お前がすっぴんだったらだれもセックスしたがらねえよ!」と詰る怒声と比べたら、へっちゃらだった。ほんとにきれいになるにはアゴもオデコも切開して削らなきゃダメだけど、1千万を超える金額が必要なので、まあブタから解放されただけで充分だと自分に言い聞かせ、整形依存にはならないですんだ。

乱交パーティには出なくなったが、今度はオーナーからリベンジポルノされ、学校に知られて就職を諦めなくてはならなくなった。もう、失うものはなくなったから、オーナーへの復讐と憎しみに燃えて、風俗、出会い喫茶と愛人稼業で稼ぎまくりつつ、ネットを駆使してオーナーに逆リベンジポルノを仕掛けていった。そうしているあいだに去年、父はとうとう首吊り自殺した。

そのころ私は「IT企業の社長兼催眠術師」というひととハプバーで知り合い、不倫を始めていたのだったが、それがどろどろの関係になって、去年また自殺未遂を起こした。元カノは伝説の元風俗嬢で、毎日10万円は稼ぐハイプレイヤーだった。「こういうセックスすると彼女はこう反応するんだ」と、彼は私といるときもずっと比較してくる。当時悲壮感でいっぱいだった私には、店側も客をつけたがらず、お客がゼロでお茶引く日もあって、よけい自尊心がボコボコになっていった。それで死んだお父さんのところに謝りに行きたくなって、追いかけ未遂したのだった。

お薬を200錠以上飲んで、ライターで顔炙って、タバコ食って、腕を切りまくって記憶を失ったのだが、翌日、ハプバーで出会った親友が不審に思い、オートロックのマンションだったけれど他の住民が出てきたタイミングで家に来てくれた。私はラリって自分の家の鍵を掛けていなかったから、彼は中に入ってこれて、すぐ救急車を呼んでくれた。あと数時間ずれてたらいまごろお墓の中だったと病院の先生に言われたが、目が覚めたら鼻からチューブと人工呼吸器みたいなのをつけられて、目の前にハプバーの親友たちが座っていた。それからハプバーの仲良したちもお見舞いに来てくれて、みんなハンドルネームで呼び合っていたから、私の入院によって初めて本名を知るという、おもしろい場面もあった。

いま、私はポールダンサーとして踊ってもいるが、それもハプバーの店員さんに、リハビリ代わりに勧められたのがきっかけだった。ポールに登って、足をからませて初めて両手を離せたときは、逆上がりが初めてできた子どものころの高揚感が甦って、久しぶりに自分を肯定できた気持ちになった。練習でできたアザも上手になる証だと思うと、うれしくてうれしくて、たくさん写真に撮っていた。

去年、父が死んだ3週間後に都築さんのメルマガで告知されていた小嶋夫妻の展覧会『珍寺大道場』に行って、買ったのがこの目から手Tシャツだ。展示が開かれていた週末3日間、私は会場に入り浸ってしまったのだが、独観さん夫妻はものすごく寛容で、ふたりの息子たちや、展覧会に来たお客さんともたくさん知り合った。

タイや台湾の寺院の地獄庭園を撮った写真なども飾られた、展覧会場にあふれていた「家族の軌跡を振り返る」明るい感覚は、自分の家族像に絶望していた私には眩しい光そのもので、小嶋一家を通して、それまで知らなかった家族愛を脳内疑似体験しているようだった。展覧会が終わってからも一家とは仲良くさせてもらって、その「家族愛のリハビリ」はいまも続いている。

ポールダンスのトレーニングをしているうちに筋肉が発達して、いまではこのTシャツに腕が入らなくなってしまったけれど、もちろん捨てられない。小嶋家と出会ってからも私はぜんぜん安定してなくて、メンヘラもサイコパスストーカー癖もファザコンも治っていない。死んだらきっと地獄行きだ。でも、小嶋家が見せてくれるような地獄だったら、私は落ちてみたい。

271　目から手(小嶋独観子)

ホノルルマラソン

◎68歳男性
◎小説家
◎京都府出身

棄てられないTシャツというのはなにしろいっぱいあって、タンスの抽斗がそういうものたちではちきれんばかりになっている。面白そうなTシャツがあればすぐに買ってしまうし、自分の本の販促Tシャツみたいなのがけっこうあるし、マラソンに出場するたびに「完走Tシャツ」をもらう。そんな具合に、棄てられないTシャツがその数を増していく。旅行に出るたびに、古くなったTシャツを持参して、洗濯せずにホテルのゴミ箱にそのまま棄ててくるようにしているんだけど、そうやってもなかなか数は減らない。

中でもロードレースの「完走Tシャツ」には「これ、もらっても困るんだよな」というものがかなりたくさんある。たぶん限られた予算の中で、地元のデザイナーが一生懸命デザインしてつくるんだろうけど、それにしてもなあ・・・(とほほ)というものが大部分だ。こんなのいらないから、もっとレース参加費を安くしてよ、と僕は声を大にしていいたいんだけど、誰も耳を傾けてくれない。でもいちおう記念品だし、新しいTシャツをゴミとして棄ててしまうことにも心理的な抵抗がある。だからそのままとっておく。抽斗がいっぱいになる。

でもまあ、Tシャツでまだよかったのかもしれない。Tシャツは軽いし、小さくたためるから。一度「レース完走記念・夫婦茶碗」というのをもらったことがあって、これはもっとさらに迷惑したから。地元の獲れたて野菜をもらったこともあり、これはなかなかグッドアイデアなんだけど、持って帰るのは面倒だ。

この「1983年ホノルル・マラソン完走Tシャツ」もそういう「ちょっと迷惑」Tシャツの一枚で、もう34年間、一度も着たことがない。でも棄てられない。どうしてかというと、これは僕が生まれて初めて走った、記念すべきフル・マラソン・レースだから。ハワイに行ったのもそれが初めてだった。その当時のホノルル・マラソンは、今に比べれば参加人員もぐっと少なく、どちらかといえば手作りの地味なレースという雰囲気だった。テレビ局のカメラ車が参加する芸能人を追って跳梁跋扈（という表現がぴったり）するようなこともなかった。完走Tシャツの図柄のプリミティブさを見れば、おおよその感じはわかってもらえるだろう。沿道の人々もとても親切で、それ以来ハワイがすっかり好きになった。

最近のホノルルの完走Tシャツはずいぶんスマートになった。34年前のTシャツを引っ張り出して眺めると、「昔は純朴だったなあ」と懐かしく思う。でもだから着るかというと、着ないけど。

WANTED
CHOPPER

さんま

日は午後十時
て頂きます
ガス乾燥機
洗剤

SANYO
8kg
13

あとがき

序文に記したように、本書は有料週刊メールマガジン『ROADSIDERS' weekly』上で2015年7月8日号から2016年12月28日号まで、69回にわたって毎週連載されていた記事をもとに、もう1枚を加え、70枚のTシャツと70とおりの物語で構成された一冊である。

前著『圏外編集者』は聞き書きだったが、テープ起こしされた原稿にかなり手を入れたので、テキストの多くがTシャツ所有者本人によって書かれ、こちらは文章を整えたり、インタビューをまとめたり、あとはTシャツにアイロンをかけて写真を撮っただけの本書は、これまで出版したたくさんの本のなかで、いちばん「自分で書いてない本」でもある。なので「著」ではなく、「編」とさせてもらった。

ジェームズ・ディーンやマーロン・ブランドの時代に、白いTシャツで街を闊歩するのは、お堅い世間への「理由なき反抗」だったが、それはたった半世紀前のことだ。

考えてみると、「衣替え」ということをしなくなってから、もうずいぶんたつ。暑いときはTシャツ一枚で、季節の変化に従ってスウェットやセーターを重ねたり、ジャケットを羽織ったりするだけ。スーツのような仕事着は別だろうけれど、基本はそんなひとが、僕以外にも多いのではないだろうか。

そういう人間にとってファッションはもはや、季節ごとに全取っ替え、というような消費の連鎖ではなくて、気温に応じて重なる数が変化するレイヤーにすぎない。そしてTシャツは、デザインの用語を借りれば、いちばんベースにあるマスターページだ。ハイファッションが衰退していっている現実は、なにも不景気だからとか、お小遣いが携帯代に取られてるとかではなくて、そういう「着衣の進化」に、業界のほうがついていけてないからでは、という気がしている。

これまでずいぶんたくさんのTシャツを着てきた。ほんとうは自分の「捨てられないTシャツ」で後書きを締められたらいいのだが、数年前に雑誌の企画でダイエットに挑み、二度とリバウンドしない覚悟でデブ時代の服をぜんぶ捨ててしまったので、思い出のTシャツもまったく手元に残っていない。企画終了から数ヵ月で元の体重以上にリバウンドしてしまったから、結果的にはただ多量の洋服をなくしただけのことだった。ソニックユースの白い洗濯機のやつとか、そのときに捨てたTシャツと同じものを古着屋の店頭で見つけるたびに、買い直したくなる。なくしてしまった本をアマゾンでまた買ったり、昔好きだったアルバムを、レコードが邪魔だからCDで聴いていたのに、いまになってアナログで買ってみたり、そういうのと近い気持ちなのかもしれない。

着るのも好きだが、Tシャツはつくるのも好きだった。展覧会の折りなどに、理由をつけてはTシャツをつくって、むろん商売にはならないけれど、だれかが着てくれるだけでうれしかった。

最近、倉庫を整理していたら、1991年に大竹伸朗くんの自費出版作品集『SO』をつくったときのTシャツが出てきた。『SO』の限定版である『ECHO BOX』が同時に制作され、ひとつずつ異なるFRP製のボックス全点を並べる展覧会が東京と大阪で開催され、そこで販売されたTシャツだった。

1991年といえばバブル崩壊直後、まだイケイケ・ムードの残り香が漂っていたころだった。「小学生のころからの作品を、できるかぎり全部掲載しよう」という意図でスタートした『SO』は、準備していくうちにどんどんページが増えていって、出版元の講談社から「もう、これ以上無理だから」と言い渡される事態に陥った。

小さな自費出版物ならともかく、すでにオールカラー数百ページになっていた未完の『SO』は、印刷費だけで1千万円を超えるようなプロジェクトに膨れあがっていたから、ふつうなら出版社に「すみませんでした」と頭を下げ、ページを減らして無事出版ということになるのだが、そこで著者の大竹くん、デザイナーの木下勝弘くん、編集の僕は3人で悩み抜いたあげくに、「でも、やるしかないでしょ！」という無謀な結論に達してしまったのだった。

すでに千カットを超える作品写真を出版社写真部のカメラマンが撮ってくれていたから、交渉はそのフィルムの買い取りから始まった。写真部の担当者や、会社側の担当編集者はすごく好意的だったが、最終的に責任者の上司が出てきて、「そんなにやりたいのなら、やってみなさい」と鼻で笑いながら、OKを出してくれた。捨て台詞に投げられた「お手並み拝見」のひと言は、一生忘れない。

シロウトがなに言ってるんだかという、あからさまな上から目線が会議室の机越しに突き刺さってきて、なにしろ売れなければ3人がそれぞれ数百万円の損害をこうむるのだから当然だったが、講談社の現場や、印刷所・製本所のひとたちの手助けがあって（危なっかしくて見ていられなかったのだろうと思う）、本は無事にできあがり、展覧会も開けることになった。

自費出版なので、書店にも自分で売り込みに行かなくてはならなかったから（ネット販売どころかネットすら存在しない時代だった）、当時乗っていたスクーターの後ろに本を積んで、「こんなの出したんですけど、置いてもらえますか」と頭を下げて回った。六本木の青山ブックセンターに売り込みに行くのに、本を積み過ぎて、上り坂でバイクが転倒しそうになったことも、いまでは懐かしい思い出だ。

展覧会にあわせてグッズを作ろうと、大竹くんがTシャツとボディコンワンピースをデザインしてくれた。それはふつうのシャツのように胸に絵柄が入っているではなく、布地全面が絵柄だったから、生地まるごとを作らなくてはならなかった。どうしてか忘れてしまったが、東レのひとが協力してくれることになり、高級な生地にプリントまでしてくれて、それぞれ限定5枚というたいへん贅沢なTシャツとボディコンワンピースが完成。「協力：東レ」とクレジットしようと思ったら、ヌード・ピンナップなどを配したコラージュの絵柄を見たのか、「クレジット入れてくれなくていいです」と言われたりもした。

講談社の偉いひとに冷笑された『SO』は、意外にもかなりの売れ行きで、それは自費出版することで定価が当初の三分の一くらいまで下げられたこともあったが、いきなり破産するんじゃないかと心配した僕ら3人は、もともと決められていた印税よりずっと大きなリターンを得ることになった。

あれから四半世紀がたって、そのあいだにはずいぶんリスキーな企画も経験してきたが、なにかの壁にぶち当たるたびに『SO』の日々を思い出す。あそこで頭を下げていれば、もっと簡単に、もっと薄っぺらい本ができて、それは大竹くんのたくさんの作品集のなかの単なる一冊になったろうし、僕にしても編集を担当した本の一冊でしかなかったろう。そして僕は、いまの僕ではなかったろう。

「全員が反対したから成功を確信した」というのは、尊敬する秘宝館生みの親・松野正人さんの言葉だ。つねに無謀であることがベストとは思わないけれど、どんなに親身な忠告よりも自分の思いが勝っていたら、そしてリスクを自分ひとりで引き受けられるのだったら、やめて後悔するよりも、やって失敗するほうが幸福なのだと、このTシャツはいまも僕に教えてくれる。あのときの無我夢中な思いを、いまも持っているか問いかけてもくれる。

そしていまの僕は、この『捨てられないTシャツ』の出版記念Tシャツを作りたくてたまらない。

都築響一

زوجي بنشرجي
حقوق الانسان
HOUSEFLY
1993
SIAG
Pyramids Hotel

374-9953
366-0236
プレイ
の店

都築響一（つづき・きょういち）

1956年東京生まれ。1976年から1986年まで「POPEYE」「BRUTUS」誌で現代美術・建築・デザイン・都市生活などの記事を担当する。1989年から1992年にかけて、1980年代の世界現代美術の動向を包括的に網羅した全102巻の現代美術全集『アートランダム』を刊行。以来、現代美術・建築・写真・デザインなどの分野で執筆活動、書籍編集を続けている。1993年、東京人のリアルな暮らしを捉えた『TOKYO STYLE』を刊行。1997年、『ROADSIDE JAPAN 珍日本紀行』で第23回木村伊兵衛写真賞を受賞。現在も日本および世界のロードサイドを巡る取材を続けている。2012年より有料週刊メールマガジン『ROADSIDERS' weekly』（http://www.roadsiders.com/）を配信中。Tシャツのサイズは3L。

写真＝都築響一

ブックデザイン＝渋井史生（PANKEY）

編集＝アーバンのママ

捨てられないTシャツ

2017年5月25日　初版第1刷発行

本著は『ROADSIDERS'weekly』での連載「捨てられないTシャツ」を加筆修正して収録したものです。

編　者　都築響一

発行者　山野浩一

発行所　株式会社筑摩書房

〒111-8755 東京都台東区蔵前2-5-3　振替 00160-8-4123

印刷・製本　凸版印刷株式会社

ISBN978-4-480-87622-5 C0095